知识进化
图解系列

太喜欢体态训练了

[日]木场克己 著

汪雨欣 译

天津出版传媒集团

天津科学技术出版社

著作权合同登记号：图字02-2022-173号

图书在版编目（CIP）数据

知识进化图解系列. 太喜欢体态训练了 /（日）木场
克己著；汪雨欣译. -- 天津：天津科学技术出版社，
2022.9

ISBN 978-7-5742-0370-9

Ⅰ.①知… Ⅱ.①木… ②汪… Ⅲ.①自然科学—青
少年读物②形体—健身运动—青少年读物 Ⅳ.①N49
②G831.3-49

中国版本图书馆CIP数据核字(2022)第130487号

知识进化图解系列. 太喜欢体态训练了
ZHISHI JINHUA TUJIE XILIE. TAI XIHUAN TITAI XUNLIAN LE

责任编辑：孟祥刚

责任印制：兰　毅

出　　版：天津出版传媒集团
　　　　　天津科学技术出版社

地　　址：天津市西康路35号

邮　　编：300051

电　　话：（022）23332490

网　　址：www.tjkjcbs.com.cn

发　　行：新华书店经销

印　　刷：三河市金元印装有限公司

开本 880×1230　1/32　印张 4　字数 99 000
2022年9月第1版第1次印刷

定价：39.80元

　　听到"躯干"这个词，你会联想到什么呢？过去，对自己有较高要求的运动员们，往往会为提高比赛成绩而锻炼躯干力量。近年来，关注健康问题或节食减肥的人，也开始积极锻炼躯干。

　　就算你不属于上述类型，也请务必看看这本书，因为躯干与大家日常生活的方方面面都有着密切的联系。例如，第一印象在很大程度上会影响人际交往的取向，而挺拔的腰背、优美的姿势、潇洒的体态，都来自躯干平衡训练。不仅如此，躯干锻炼还能让你在早晨醒来时神清气爽，减少在工作、学业中的疲劳感；让你保持理想状态，专注于自己的兴趣爱好；让你身体柔韧，远离肩酸腰疼；让你获得良好的稳定性，即便发生意外也不易受伤；让你在倍感精神压力之时，也能拥有强大的内心。另外，躯干锻炼还能使孩子们的身心得到更健康的发展，使老年人更活力充沛地享受退休后的美好人生。

　　仅靠躯干锻炼，为何就能让身心发生巨变，以至于影响人的一生呢？本书将通过丰富的数据和图解，结合身边的实例，浅显易懂地向大家解释其中的奥妙。

在训练篇中，我为大家挑选了能够轻松坚持的练习项目，通过这些训练，外部难以触及的"身体深层肌肉"也能得到切实的刺激。

由于新型冠状病毒肺炎在世界范围内肆虐，我们的日常生活发生了极大变化。但躯干训练是每个人都能在家里完成的自我保健。衷心希望这些训练能为各位及家人的身心健康提供持久的保护。

一般社团法人 [1] JAPAN 躯干平衡教练协会

代表 木场克己

---

[1] 一般社团法人：日本社团法人的一种，指由一定数目的社员组织设立的非营利性法人，社团可以在运营中获得利润，但社员间不允许分配盈利所得。（本书脚注若无特殊说明，均为译者注）

第1章　强身健体必需的躯干力量

第5章　全家一起锻炼躯干

第 1 章

强身健体必需的
躯干力量

瘦身成功，人却显得无精打采，问题在于躯干力量薄弱

面容憔悴、身体疼痛及老化的原因所在

"减肥后仍不显瘦""长得显老""面相阴沉，常被误认为毫无干劲"……你是否曾因外表吃过这些亏呢？诸如此类的烦恼，其实可以归结于一点——"体态"，而保持良好体态的关键正是"躯干力量"。挺直背部，呈现良好体态，仅凭这点就能提高自己在对方心中的印象分。

有些人在面对重要对象或拍摄照片时，能意识到保持优美体态；然而一旦专注于工作、家务或独自放松时，却往往忽略体态问题，随意得判若两人。平时对体态满不在乎，吃亏的可不只是外表。肩酸、腰痛等问题的出现，往往就是因为日常生活中身体的姿态不良及运用不当。如果你出现易疲劳、难以通过睡眠消除疲劳、晨起便无精打采等状况，就得确认一下自己平时是否经常驼背低头。除此之外，体态与心理健康、抗衰老等问题也密切相关。

还有一部分人，他们的苦恼在于，虽然深知良好体态的重要性，却难以长时间保持，不知不觉又回到放松状态——而这正是躯干力量薄弱的表现。让我们从确认自己的体态类型开始，慢慢寻找其中的原因，重获优美体态吧！

日常错误体态是引起不适的原因

"体态"是所有动作的基础。平时无意中保持的错误体态，可能会成为引起身体疼痛或不适的元凶。

面对电脑时

专注地盯着显示屏，保持俯视状态，背部易弯曲。

使用手机时

沉迷于社交软件或手机游戏时，一直低着头，颈部周边肌肉持续处于紧张状态。

洗碗时

腹部保持不受力状态，头部前倾，易导致驼背或"腰部反弓"。

看电视时

长时间坐在柔软的沙发上看电视，易导致腰背弯曲。

请大家确认一下自己平时的体态吧！

你是哪种体态模式?

这里为大家介绍平时容易出现的四种错误体态,如果有你符合的类型就要注意了!
保持自认为轻松舒适的姿势,很可能会让身体产生意想不到的不适感。

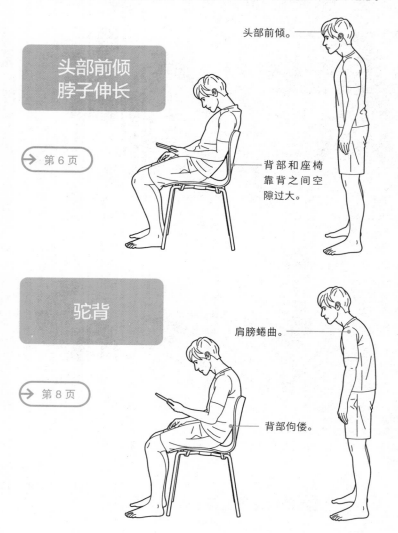

**头部前倾
脖子伸长**

→ 第 6 页

头部前倾。

背部和座椅
靠背之间空
隙过大。

驼背

→ 第 8 页

肩膀蜷曲。

背部佝偻。

腰部反弓

→ 第 10 页

胸部
过挺。

腰部极度反弓。

习惯性
跷二郎腿

→ 第 12 页

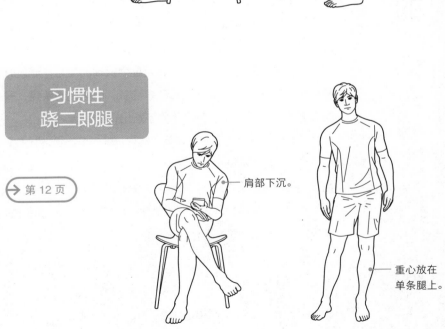

肩部下沉。

重心放在
单条腿上。

年轻人中不断增加的『低头族』

头痛、肩酸、驼背、腰痛的开端

个人生活方式的转变，会引发一些之前不曾出现过的健康问题，成为"低头族"导致各种疼痛症状就是其中之一。肌肉力量不足是造成体态不良的一个重要因素，然而，**偏偏肌肉力量充足的年轻人，却越来越多地加入"低头族"**。

《手机社会白皮书（2019 年版）》[1] 数据显示，在小学一年级的学生中，日常习惯使用智能手机或普通手机的比例就占到五成以上，在初中三年级学生中甚至占到了九成左右。孩子们沉迷于游戏、视频、社交软件后，往往会废寝忘食，只顾盯着那小小的手机屏幕。此时观察他们的体态，就能发现，他们的头部在画面的吸引下不断前倾，此时，后颈肌肉因受到牵引而持续处于紧绷状态。由于年轻人的肌肉力量和柔韧性较好，最初几乎不会感到疼痛或不适。然而，**长时间保持这样的不良体态，肌肉就会因过度紧绷而僵化，严重时甚至会出现落枕、颈部无法转动等症状**，而这也是头痛、肩酸等健康问题在中小学生群体中不断出现的原因之一。

长时间低头会引起腹压降低、驼背、腰疼等症状，躯干平衡被破坏，体育活动也会受到影响，从而让人陷入"拼命练习也无法提高成绩""在重要比赛中无法取得名次"等困境。手机的便利性令人难以割舍，正因如此，我们更要注意使用时的姿势，实现智能手机智慧使用！

---

[1] 由日本 NTT DOCOMO 移动社会研究所发布。

低头引起的不适症状

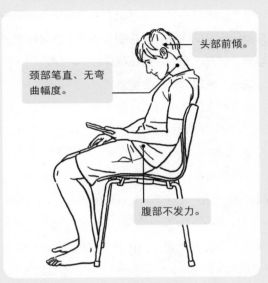

颈部笔直、无弯曲幅度。

头部前倾。

腹部不发力。

如果头部前倾、脖子伸长，颈部周围的肌肉都会处于紧张状态，关节也会变得僵硬。长时间保持这种状态将导致血液循环不畅，并易引起肩酸、头痛等症状。

肩酸

落枕

头痛

此类症状的元凶！

越年轻越容易成为"低头族"

久坐的同时一直盯着手机屏幕

↓

肌肉支撑头部的重量

↓

颈部被拉伸，头部向前倾

低头是长时间使用智能手机等电子设备的年轻人常见的姿势，且由于年轻人的肌肉更饱满有力，足以支撑头部前倾的状态，因此能够一直保持低头的姿势。

慢性疲劳、免疫力低下等各种不良影响遍及全身

引发各种不适症状的『驼背』

"驼背"几乎可以被视为不良体态的代名词。长时间保持同一姿势面对手机或电脑，背部就很容易弯曲。当驼背的时间超过保持脊背挺直的时间，人体便会逐渐习惯这种更轻松的不良体态。但这样一来，保持正确体态的腹横肌和多裂肌得不到充分使用，肌肉力量就会逐渐减弱。

事实上，驼背给人体造成的负担超乎我们的想象。一般人的头部重量约占体重的十分之一，也就是说，一个体重60千克的人，其头部重量为 5 ~ 6 千克，相当于脖子上顶了一个稍重一点的保龄球。背部越弯曲，颈部、肩部承受的重量（力）就越大。美国纽约脊椎外科医生肯尼斯·汉斯拉吉（Dr. Kenneth Hansraj）的一项研究显示，头部前倾 15 度时，颈椎（脊柱颈段）承受的重量（力）约为 12 千克；而倾角达到 60 度时，颈椎将承受约 27 千克（约为头部重量的 5 倍）的重量（力）。

此时，以颈椎为首的整段脊柱，以及颈、肩、背等部位的肌肉，都会为这不堪承受之力而发出悲鸣！由此产生的颈部僵硬、直颈、肩部酸痛、四十肩、五十肩[1]、眼部疲劳、腰部疼痛等症状自不必说，甚至可能引发自律神经失调[2]、慢性疲劳、免疫力低下等各种疾病，其影响遍及全身各个部位。对老年人而言，这也极易造成运动能力低下以及受伤、虚弱、痴呆等严重病症。因此，我们不能将其简单视作"背驼了"，而应该通过锻炼躯干来预防、改善这一问题！

---

[1] 四十肩、五十肩：随年龄增长而产生的肩膀疼痛症状，其实是由肩关节周围发炎引起的。因其原本多见于四五十岁的中年人而得名，但其实很多年轻人同样会出现这种症状。
[2] 自律神经失调：即自律神经系统内部失去平衡，多与焦虑、紧张、抑郁有关，规律作息、运动、正面思考等都有助于缓解症状。

驼背引起的不适症状

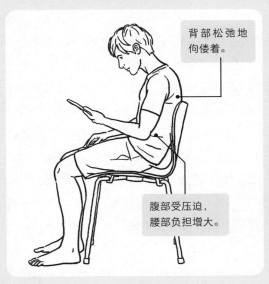

背部松弛地佝偻着。

腹部受压迫，腰部负担增大。

驼背是一种对身体压迫极大的不良体态，除眼部疲劳、肩膀酸痛之外，还可能导致腰疼、便秘、自律神经失调等各种症状。

肩酸

腰疼

便秘

此类症状的元凶！

头部重量相当于一个保龄球？！

人体头部的重量约为体重的 10%，一个体重 60 千克的成人，头部重约 6 千克，和一个 13 磅[1]保龄球的重量差不多。在驼背状态下，颈部、肩部、腰部承受着数倍于头部的重量，将引发各种不适症状。

头部重量 = 体重的 10% 左右

体重为 60 千克的人
头部重约 6 千克

➡ 约等于一个保龄球的重量！

[1] 磅（pound）：英美制重量单位，一磅约为 0.4536 千克。

看似体态良好、实则危机暗藏的『腰部反弓』

慢性腰痛的罪魁，身材走样的祸首

挺起胸膛时，乍一看体态良好，但要注意是否出现了"腰部反弓"。许多人并未注意到自己存在这种问题，不妨用一个简单的方法自测一下。脱掉鞋子靠在墙边，脚后跟不要靠墙，头部、背部、臀部紧贴墙面。此时，如果墙面与腰之间的空隙足以容纳一拳，就说明你的身体存在腰部反弓的问题。

我们可以把骨盆想象成一个"装满水的桶"。在身体肌肉正常工作的情况下，"水桶"（骨盆）能够保持平衡，"水"也不会倾出；但在腰部反弓的情况下，肌肉力量减弱，无法维持正常体态，"水桶"就会呈前倾状态。这样一来，骨盆中的内脏就会像倾出的水一样被推到前面，肚子也会突出。骨盆前倾时，为了让身体保持平衡、不往前倒，腰部反弓便慢慢成了习惯。这种体态容易引起腰疼，也会给大腿前侧肌肉带来过大负荷。"明明没发胖，肚子却鼓起来了，大腿前侧也很肿胀"——如果你有这种烦恼，就该思考自己是否存在腰部反弓的问题。躯干力量减退、身体后部肌肉柔韧性不足、常穿高跟鞋，以及妊娠或体重激增引起的体形变化等，诸多因素的叠加更容易引起腰部反弓。腰部反弓一定要解决，否则后续可能会引发慢性腰痛、浮肿、拇指外翻、嵌甲[1]等各种各样的问题。

---

[1] 嵌甲：趾甲板外缘或内缘或侧角嵌入甲沟皮肤，可引起局部疼痛，当甲缘突破皮肤时细菌侵入可导致甲沟炎，多见于大脚趾内侧。

腰部反弓引发的不适症状

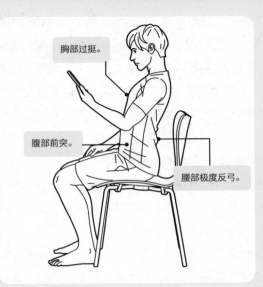

胸部过挺。

腹部前突。

腰部极度反弓。

腰部极度反弓造成骨盆歪斜，不仅会引起腰疼，还会让你的腹部向前突出，身体显得更胖。

腰疼

浮肿

腹部隆起

此类症状的元凶！

腰部反弓的自测方式

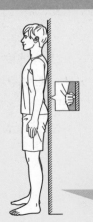

1. 脱掉鞋子背靠墙面。

2. 头部、背部、臀部紧贴墙面。

3. 把手放进腰与墙面的空隙中。

如果空隙能容纳一拳，就说明有腰部反弓！能容纳的宽度越大，腰部反弓越严重。

『跷二郎腿更觉轻松』——身体扭曲的信号

改掉不良习惯，塑造平衡核心

无意识的癖好或习惯也能体现出躯干力量的减弱和体态的恶化。比如"总是用同一边肩膀背单肩包""一坐下就跷起二郎腿"，这些习惯都会导致躯体歪斜。进一步说，如果到了"不跷二郎腿就坐不安稳""觉得跷二郎腿更轻松"的时候，你很可能已经出现躯体歪斜，甚至骨盆左右两边已经高度不一致了。

跷二郎腿的时候，虽然上方那条腿轻松自在，但重心会移到下方那条腿上，压迫臀部肌肉。如果长期保持这个动作，肌肉力量和柔韧性都会不均衡，日常体态会变得扭曲，骨盆也将逐渐倾斜。

人体由各种骨头、肌肉以复杂的方式连接、协作着，如果骨盆持续在倾斜的状态下支撑沉重的头部和上半身，将会对其他诸多部位产生影响，甚至可能让两肩高度、两腿长度出现偏差。随后，**躯体歪斜还将引发全身的各种不适症状，比如牙齿咬合不正、头痛、肩酸、腰疼等。**因此，请大家即刻改掉跷二郎腿的坏习惯吧！

棒球、足球、网球等左右躯体运用程度相差较大的运动，也会导致躯体歪斜，使人易受伤病困扰。另外，要是表层肌肉力量弱于深层肌肉力量，也容易让身体产生歪斜或疼痛。因此，只有通过躯干锻炼，为身体打造不摇不晃、保持平衡的内核，才能有效避免受伤、提升运动表现。

跷二郎腿引发的不适症状

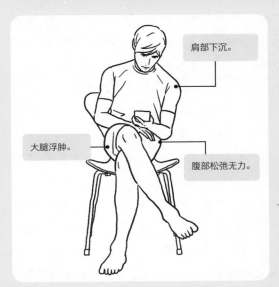

肩部下沉。

大腿浮肿。

腹部松弛无力。

跷二郎腿是一种无意识地稳固身体的动作，容易导致骨盆歪斜、臀部下垂、腿部变粗等身材走样问题，也会引起腰疼等症状。

腰疼

臀部下垂

腿部变粗

此类症状的元凶！

眼看着身材走样？！

跷二郎腿时，上方那条腿所连接的臀部肌肉完全用不上，就会造成臀部下垂。

为了弥补萎缩的臀部肌肉减弱的支撑作用，大腿肌肉就会因被过度使用而变得饱满，呈现负螺旋状态[1]，同时也会对骨盆、脊柱造成影响，可能导致脊柱侧弯。

／ 臀部下垂！ ＼　／ 大腿粗壮！ ＼　／ 脊柱侧弯！ ＼

[1] 负螺旋状态：与正螺旋状态相反，指的是不好的事情连续发生，越来越消极、恶化的状态。

一起掌握正确体态！

正确体态能够预防不适症状，锻炼躯干力量

正确的体态不仅看起来美观，也有利于避免肩酸、腰疼等不适症状，还能使注意力更集中、心态更乐观积极，是人人都需要掌握的。具体应该怎么做呢？一起来实践一下吧！

站立时背部挺直、下巴微收，从正面观察自己的左右两肩及骨盆两侧是否高度一致。从侧面观察耳朵、肩膀、髋部、膝盖、脚踝的连线是否在一条直线上，两手是否自然置于大腿正侧面。如果有驼背，双手就不是位于大腿正侧方，而是稍微前置。坐在椅子上时，耳朵、肩膀、髋部也应在同一直线上。脚底接触地面，调整座椅高度，使**髋部及膝盖处的弯曲角度都为 90 度**。需要注意的是，低矮的椅子和能让身体下陷的柔软沙发，都会给腰部带来极大负担。另外，假设腰椎间盘受力指数在站立时为 100，那么坐姿状态下则为 140，前倾而坐时甚至会上升到 185。如果生活中案头工作较多，最好不要长时间坐着，时不时起身活动一下，能够有效预防腰疼。

保持正确体态时，无论站姿还是坐姿，腹部都是发力的，躯干就能自然得到锻炼。如果学会腹式呼吸法（Draw in 呼吸法），这种感觉将会更明显，体态也会更容易保持。

正确的体态，耳朵、肩膀、髋部应在一条直线上

耳朵、肩膀、髋部处在一条直线上时，所呈现的就是最佳体态。如果是站姿，膝盖和脚踝也要在同一直线上。坐姿状态下，上半身和大腿之间的角度、膝盖弯曲的角度，都以保持在 90 度左右为佳。

90 度

90 度

站姿

坐姿

不正体态将增加身体的负担！

假定腰椎间盘受力指数在站立时为 100，则正确坐姿下将增加到 140，前倾而坐时甚至将上升到 185。长时间保持令身体过度受力的姿势，是引起腰疼等不适症状的原因。

保持正确体态时
受力指数也会达到 140

⬇

前倾姿势下甚至会上升到
185！

185　140

需要锻炼的『躯干』，指的是哪里？

身体动作的起点，各种维持体态的肌肉的聚集之处

近年来，健康和美容领域都开始关注"躯干"，电视和杂志上也常有报道。但它究竟是指身体的哪一部分呢？一起来确认一下吧。"躯干"一词原为医学术语。身体可分为头部、上肢、躯干、下肢四个部分，而躯干则是胸部、背部、腹部、腰部的合称。相比四肢，躯干的运动不太容易被发现，但躯干上却聚集了许多能够影响脊柱、骨盆的运动方向和角度的肌肉。也就是说，承担维持体态这一重要功能的正是躯干。

而且，躯干肌肉和我们日常生活的各种活动也息息相关。比如走路或跑步做抬起大腿的动作时，腰部肌肉会先动起来。为配合腿部的动作，手臂也得跟着动，这个动作同样要先用到连接手臂肌肉的背部肌肉。另外，电车或公交车突然发生颠簸时，人会立即叉开双脚站稳，靠躯干保持平衡，而不至于跌倒。要想驱动四肢，上半身和下半身之间的躯干肌肉会先被用到，因此，任何动作的起点都是躯干。

尽管如此，日常生活中能意识到自己在使用躯干肌肉，或能一视同仁地锻炼躯干肌肉的人却寥寥无几，因为大多数重要的肌肉都隐藏在身体深处。

这些部位对保持平衡非常重要！

　　所谓躯干，是指除颈部以上部位和四肢以外的身体部位（主要包括胸、背、腹、腰）。除了有保持体态的功能外，它还是身体各种动作的起点。另外，它能够驱动下半身的臀部肌肉，也是保持身体平衡不可或缺的一部分。

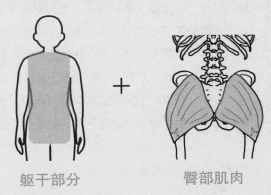

躯干部分　　　　　　臀部肌肉

根据日常动作判断躯干力量强弱！

无法承受电车颠簸、经常踉跄跌倒？

如果连电车或公交车产生的轻微颠簸都无法承受，说明你的躯干力量可能正在减弱。如果你已经出现这样的情况，赶快开始锻炼躯干吧！

无法承受电车颠簸

可能是躯干力量太弱了！

平衡躯干深层及表层肌肉非常重要！

有意识地刺激控制身体平衡的关键肌肉

我们的身体肌肉由表层肌肉和深层肌肉构成。通过手臂隆起的肌肉、腹部的马甲线，我们可以明显看到表层肌肉的锻炼成果——或许这正是许多人积极健身锻炼的动力吧。然而，深层肌肉藏在身体内部，看不见也摸不着。正因为难以感受到它们的存在，获悉其所在位置才显得更加重要。

我们常说的"腹肌"，其实也分为好几层。最外层的是腹外斜肌，在它之下是腹直肌和腹内斜肌，最深处则是腹横肌。其中，躯干锻炼时最应重视的就是属于深层肌肉的腹横肌，它不仅是呼吸运动的"主力肌"，还像紧身衣一样，承担减轻腰部负担的重任。

锻炼的时候要想着"现在正在刺激这个部位"。本应是所有动作起点的躯干，现在力量却逐渐弱化，这是因为我们在日常生活中没有充分利用到它。对躯干肌肉进行适当刺激、恰到好处地锻炼表层肌肉和深层肌肉，能塑造优美的体态。而且，通过这些轻松易学的锻炼动作，还能获得凹凸有致的理想身材！

躯干中的深层肌肉和表层肌肉

躯干一般指除头部、手臂、腿部以外的身体部位。

肌肉是分层的，比如占据大部分躯干的腹部肌肉，就由表层的腹外斜肌、中层的腹直肌和腹内斜肌，以及深层的腹横肌组成。

在锻炼中，我们容易关注到表层肌肉，但为了增强躯干力量，均衡锻炼表层肌肉和深层肌肉相当重要。

腹部肌肉分布

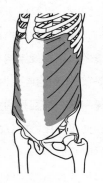 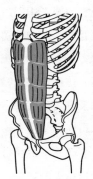 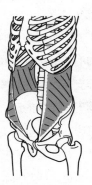 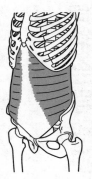

腹外斜肌　　　腹直肌　　　腹内斜肌　　　腹横肌

表层肌肉　　　　　　　　　　　　　　　深层肌肉

忽略躯干的节食减肥会导致腹部凸起

提高腹压可收紧腹部

　　致力于节食减肥的人并非"只想减重变瘦"，还希望收紧某些肥胖部位，让自己的身材变得凹凸有致吧？想要降低体脂率，就要"减少卡路里摄入，增加卡路里消耗"。但即便远离自己爱吃的甜食，坚持步行或慢跑，凸起的腹部和粗壮的腰部却依然毫无变化……其实，**光靠减少体脂是无法收紧腹部的，因此出现这些情况也在情理之中。**

　　皮下脂肪或体脂的增加当然会使腰部变粗，然而手脚纤细却大腹便便的人也不在少数。无论胖瘦，只要腹部周围不够紧实，都会造成"腹压（腹腔压力）过低"。腹腔位于膈的下方，主要聚集着消化相关的内脏器官，腹壁向腹腔内部施加的压力被称为腹压。而影响腹压高低的，则有像束胸布一样支撑腹部的腹横肌、连接脊柱的多裂肌、（对腹腔来说）等同于天花板的膈，以及在骨盆底部、像吊床一样展开的盆底肌肉。如果这四类深层肌肉紧密合作，使腹压保持在较高水平，背部就能挺直，腹部周围也能自然收紧而不凸起。要是不知道这些与身体构造相关的知识就盲目节食减肥，很可能会降低基础代谢率，反而加剧腹部凸起。

缺少躯干力量就没法完美瘦身！

　　"明明节食了，却还是无法获得理想的身材曲线！"有这种感受的人，或许是因为躯干力量不足。如果腹压不够，不管怎么节食，肚子也收不回去。

腹压较低

无法使内脏保持在正确位置上，脊柱弯曲严重。

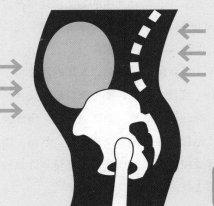

也是腹部凸起和腰部疼痛的原因！

腹压较高

有效支撑腹部、挺直脊柱、稳定骨盆。

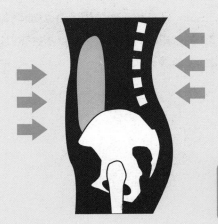

内脏回归正确位置，肚子就瘪下去了！

唤醒肌肉，促进代谢！

即使睡着时也能消耗能量的基础代谢

我们一天所消耗的能量之中，用于日常生活或运动的部分只占30%，少得令人意外。用于消化食物的能量约占10%。能量消耗占比最大的则是基础代谢，约占60%。即便在睡眠中，基础代谢的能量消耗也在进行，其中约两成被肌肉消耗。这是因为肌肉除带动全身之外，还承担了支撑骨骼、维持体温等许多职责。

受节食减肥限制时，人体内部能量不足，因此肌肉会和脂肪一起被分解，转换为能量被吸收利用。**随着肌肉量的减少，睡眠时的基础代谢随之降低，身体就更难瘦下去了**。基础代谢低下会使体重极易反弹，然而，脂肪能轻松回来，肌肉却要经过扎实的训练才能恢复。这就是只靠节食来减肥的可怕之处。

话说回来，活动身体时最先使用的是躯干部分的肌肉，因此**通过锻炼躯干来唤醒沉睡的肌肉，会使体内脂肪更易燃烧**。另外，锻炼躯干的拉伸运动也能起到促进血液循环、提升代谢的效果。我们的目标是：不仅要矫正不良体态，还要获得结实的身体！

增加躯干力量，基础代谢也会增强

节食减肥却不见体重下降，原因可能是基础代谢低下。基础代谢即维持呼吸、心跳等生命体征最低限度的能量代谢，会随年龄增长而逐渐降低。

一天的能量消耗

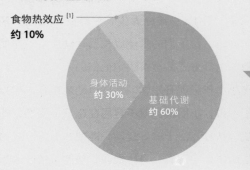

食物热效应[1]
约10%

身体活动
约30%

基础代谢
约60%

在一天所消耗的能量之中，占比最大的是基础代谢。换言之，如果能提高基础代谢，身体就能够更快地消耗能量。

各部位基础代谢消耗的能量比例

其他
16%

骨骼肌
22%

脂肪组织
4%

肾脏 8%

心脏 9%

肝脏 21%

脑部 20%

基础代谢中消耗能量最多的部位是骨骼肌（带动骨骼的肌肉）。但肌肉量是可以人为增加的，通过锻炼躯干及大块肌肉，就能有效提高基础代谢。

此图根据日本厚生劳动省[2]健康信息网
（www.e-healthnet.mhlw.go.jp）相关信息制成。

锻炼躯干让身体更易燃脂！

[1] 食物热效应：指进食引起的能量消耗增加的现象。人体在进食过程中，除了夹菜、咀嚼等动作外，还要对食物进行消化吸收和代谢转化，这些都需要消耗能量。
[2] 厚生劳动省：日本负责医疗卫生和社会保障的主要部门。

躯干对小朋友和老年人也很重要

远离伤病，丰富人生

对热衷健身锻炼的人来说，躯干的重要性不言而喻。而对小朋友以及老年人来说，躯干同样是影响人生的、不可忽视的部分。

运动神经不仅会遗传，也会对游戏和运动的习惯、体验等产生极大影响。5~12 岁被称为生长发育的"黄金时期"，在这段重要时期内，孩子们的身体成长及运动能力发展最为迅速，这期间的生活方式甚至将决定他们的未来。**最近，越来越多的孩子小小年纪就开始学习专项运动或技艺。如果拥有足够的躯干力量，小朋友们就不容易在练习中受伤，同时进步也会更快。**认真专注于体育运动，即使并不打算成为专业运动员，也能使思考方式、身体素质、精神力量、人际关系等各种塑造丰富人生的必备素质得到全面发展。

老年人想要旅行或从事其他个人爱好，做自己真心想做的事，必须以身体健康、能够正常活动为前提。**大家普遍认为，人一旦上了年纪，就难免弓腰驼背、腿脚不便。其实这种想法并不正确。**年纪越大，人与人之间的差距也越明显：有些人看起来比实际年龄年轻 10 岁甚至 20 岁，而有些人却恰恰相反，外表看起来比实际年龄衰老许多。希望大家不要想着"反正都上年纪了"就放松对身体的管理，要实实在在地进行躯干锻炼！**更何况要是拥有足够的躯干力量，就算因伤病暂时住院，卧床不起的风险也会大大降低。**

孩子们成长最快的黄金时期

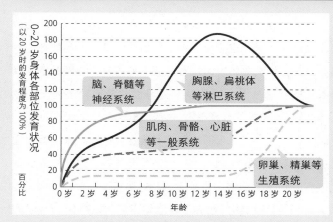

5~12岁是孩子们生长发育最快的时期，其中就包括身体能力及运动神经的飞跃性发展。在此期间，脑部受到身体所做各种动作的刺激，能在极短时间内掌握活动方式和运动能力。这段时期内学习的动作，即使成年后也难以完全遗忘，会对他们毕生的运动能力产生极大影响。

此表根据 Scammon,R.E.(1930).The measurement of the body in childhood,In Harris,J.A.,Jackson, C.M.,Paterson,D.G., & Scammon,R.E.(Eds). The Measurement of Man,Univ.of Minnesota Press,Minnesapolis. 制成。

同龄老年人之间差别巨大！

随着年龄增加，有些人的体力和肌肉力量日渐衰退，而有些人却仍体态年轻、精神矍铄，丝毫不显岁月痕迹。这种巨大差异就表现在身体能否正常活动。如果躯干力量足够，就能自己想去哪儿就去哪儿，身心愉悦地度过每一天。

躯干力量决定晚年生活质量！

太喜欢
体态训练了

用全民适用的三种训练唤醒身体！

躯干苏醒，身体变化

只要好好利用躯干，我们就将拥有良好体态，不必为肩酸腰疼烦恼，身体也能更好地开展各项活动、不易疲劳。既然如此，为什么我们还保持着那些不良体态，并因此感到轻松舒适呢？这是因为我们越来越习惯并依赖发达的交通工具，以及随处可见的升降梯和扶梯。在享受快捷便利的同时，我们失去了一个又一个锻炼躯干的机会。这样一来，肌肉完全进入休眠状态，没有活动机会，不断萎缩，再想恢复到正确体态，必定要历经一番痛苦折磨。这时，"Draw in""拉伸运动""躯干训练"就成了唤醒躯干肌肉、均衡利用肌肉的三个关键方法。

Draw in 呼吸法，即先慢慢吸气、让肚子鼓起来，再慢慢吐气、让肚子瘪下去的呼吸训练，能刺激强化躯干中必不可缺的深层肌肉。拉伸运动能够提高肌肉的柔韧性和平衡性，防止活动时受伤，同时使肌肉更易受到刺激，从而增强锻炼效果。而躯干训练将引导、调整体内的深层肌肉，使其与周边肌肉顺畅联动。三种训练都不受地点的限制，任何人都能轻松坚持。为了让自己更显年轻，为了重获轻松自如的身体，今天就开始训练吧！

刺激周身，唤醒躯干

人体的正面、侧面、背面都有肌肉，为了唤醒身体，得先刺激身上所有的肌肉，也就是周身肌肉。要想上了年纪也能拥有焕发青春活力、不易感到疲倦的身体，躯干锻炼是必不可少的。

打开身体的三个步骤

要唤醒全身，光靠躯干锻炼是不够的。
能增强肌肉柔韧性的拉伸运动和提高锻炼效果的 Draw in 呼吸法也不可或缺。
在此基础上进行躯干训练，就能快速见证自己身体发生的变化。

| 拉伸运动增强柔韧性 | + | Draw in稳定身体内核 | + | 躯干训练收紧全身肌肉 |

躯干训练改写了运动员长友佑都的命运

　　足球运动员长友佑都，与川岛永嗣、长谷部诚共同保持着日本足球运动员出战世界杯最多场次——11 场的纪录，目前作为法国马赛足球俱乐部的一员[1]活跃于球场。身为日本足坛代表人物之一的他，其实在高中时期就开始腰疼，大学时代更是因腰椎间盘突出和腰椎分离（椎弓峡部裂）而一度面临职业生涯危机。之后，他开始进行以深层肌肉为中心的柔韧性提高训练，对力量弱于前腹肌和背肌的腹横肌、腹斜肌进行强化训练，以改善肌肉力量平衡。有了强健紧实的肌肉覆盖躯干，他成功摆脱了困扰他多年的腰痛。长友佑都以自身的经历向世界证明了躯干训练的重要性。

---

[1] 2020 年 8 月 31 日，马赛俱乐部宣布日本国脚长友佑都以自由身加盟球队，为期一年。本书原作出版当时（2021 年 3 月）长友佑都仍效力于马赛俱乐部。

第 2 章

有助于日常生活的
躯干力量

打造不易疲劳的身体

躯干训练对消除疲劳十分有效

一大早就在人满为患的电车上颠簸，到工作地点时已是筋疲力尽，工作前就备感劳累，伏案一小时后更是肩酸腰疼、浑身难受……再看看校园里，从第一节课开始就一脸疲惫的孩子也并不少见。如今，越来越多的人感到自己"容易疲劳，却很难消除疲劳"，其原因却是五花八门，比如过度劳累、生活及饮食习惯不规律、睡眠不足、人际关系影响……这不能一概而论，也不能用寻常办法敷衍解决。

然而，**"活动性能好的身体不易疲劳"**这一点是可以肯定的。具体说来，"活动性能好"指的是关节活动范围广、肌肉间联动顺畅、肌肉力量充足的状态。比如拿走路这个动作来说，关节的活动范围越广，走完一定距离所用的步数就越少；驱动髋关节的髂腰肌与大腿前部的股四头肌的**协作运动越顺畅，走路过程中就越省力；肌肉力量越充足，产生的疲劳感也就越少。**

因此，我们不仅要利用躯干训练来锻炼作为一切运动起点的深层肌肉，还要配合进行 Draw in 呼吸法和拉伸运动，从而打造活动性能良好、不易疲劳的好身体。如果长期坚持锻炼，在工作或家务的短暂闲暇中，靠 Draw in 和拉伸运动快速缓解疲劳，就能让身体远离疲惫状态。

拥有活动自如的身体

　　引起肩酸、腰痛等慢性疼痛疾病的原因，可能也在于躯干力量的减弱。躯干得到充分锻炼后，身体平衡性提高，就不易感到疲劳。

身体受不适感和倦怠感困扰

不知不觉中疲倦已经消除了！

平衡性好的身体不易受伤

尽情享受体育运动和户外活动

眼看就要赶不上电车，小跑几步却跌了一跤；面前突然闪出一辆自行车，想躲避却扭了脚；参加孩子运动会上的赛跑项目，却摔了个大跟头……就算是青壮年，也会有意外受伤的时候，生活不便、耽误工作不说，期待已久的假日也可能因此泡汤。所以受伤这种事，一定要尽量避免。

一旦身体平衡性下降，就容易因站立不稳而跌倒或摔跤，而这正是躯干力量薄弱的证明。当身体歪斜、肌肉力量失衡，或肌肉柔韧性下降，稍有不慎就可能受伤。

躯干训练的目的，除了增强躯干的肌肉力量，还在于提升躯干的柔韧性和平衡性。如果能唤醒平时不被刻意使用的深层肌肉，身体的平衡性就会更好。这样一来，躯干就如同有了一根稳固的中轴，从身体中心穿过，即使稍微受到摇晃或冲击，身体也能纹丝不动；和队友一起运动时也更得心应手，任何动作都做得流畅顺滑，还能在条件反射下灵活躲避危险。避免意外受伤，能够让你无论是日常生活还是体育运动、户外活动，都能尽情尽兴、充分享受！

躯干力量减弱，让人更易受伤

躯干力量减弱不仅会使身体歪斜、失衡、产生各种不适症状，还会让我们更容易受伤。

躯干力量减弱

随着躯干力量的减弱，身体因无法维持正确的体态而逐渐歪斜。如果一直持续这种状态，将导致肌肉力量分布不均、身体失去平衡。

身体失去平衡

如果身体失衡，就没法站稳，容易摔跤跌倒或无法及时止住动作。如此一来，即使微不足道的小事也有可能引发事故或招致伤害。

身体极易受伤！

如果好好锻炼躯干力量的话……

若你的身体因日常体态或动作中长期的不良习惯而产生歪斜，通过躯干锻炼，可以恢复身体的平衡性和稳定性，瞬间爆发力得以提高，神经反射也会加强，就不易受伤了。

爆发力提高
神经反射加强

结果

防止受伤！

太喜欢
体态训练了

活化『第二大脑』——肠道

肠道能提供"幸福激素"血清素

躯干部分深层肌肉衰退后，大便无法从体内顺畅排出，这就是便秘的原因之一。医学普遍证明，人体 60% 以上的免疫细胞都活跃于肠道内。因此，一旦肠道环境恶化，人就容易生病。

在人体中，肠道内聚集的神经细胞数量仅次于大脑。虽然肠道与大脑息息相关，但就算没有大脑发号施令，肠道也依然能够发挥作用。因此，肠道也被称为"第二大脑"。并且，人体中用于调节心情平衡的神经递质血清素，有 95% 都来自肠道。被称为"幸福激素"的血清素，是一种能够带来幸福感、有效放松身心的化学物质。比如我们进食后，身体会感到放松、困倦，这正是肠道运动活跃、血清素分泌旺盛的缘故。与此相反，我们紧张时会感到腹痛，压力过大时会出现便秘、腹泻等症状。情绪与肠道就是这样相互作用的。

状态良好的肠道会促进"幸福激素"血清素的分泌，因此能够减轻心理压力、保持情绪稳定。然而，**活化肠道并不仅仅依靠饮食。通过锻炼腹部、背部等躯干部位的深层肌肉，能使腹压升高，激活内脏器官运动，也能够促进肠道活动。**

肠道能够调节情绪

　　肠道不仅能够消化吸收食物，还能制造人体内 95% 的神经递质血清素，用于调节情绪。因此对我们的情绪来说，肠道是一个非常重要的脏器。

用躯干训练锻炼深层肌肉

通过锻炼腹部、背部、腰部肌肉，能够增强腹压，刺激内脏运动。

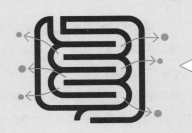

肠道运动活化，血清素分泌旺盛

肠道运动活化时，更利于分泌能够起到放松效果的血清素。

精神稳定，情绪平稳

压力减轻后，精神稳定，情绪平稳。

睡时舒适酣畅，醒来神清气爽

大家听过"睡眠负债"这个词吗？它指的是睡眠不足就像欠债一样，越积越多，从而引发各种不适症状。日本的睡眠障碍患者日渐增多，症状主要表现为睡眠时长在世界上处于较低水平；即使疲惫也很难入睡，就算睡着也很难缓解疲劳；睡眠浅，白天却容易犯困。然而，缺少充足的、优质的睡眠，免疫力低下及各种生活习惯病的患病风险会大大增加，精神也容易变得忧郁落寞。

睡眠质量低下的主要原因是生物钟紊乱或精神压力大，而肠道运动也能在很大程度上影响睡眠质量。人体在生成调整睡眠节奏的激素"褪黑素"时，需要一种能够分解蛋白质的氨基酸——"色氨酸"。另外，在肠道内生成的"幸福激素"血清素，就是合成褪黑素的前驱物质。因此，如果血清素分泌减少，褪黑素的生成也会相应地减少。

通过躯干训练促进肠道活动，褪黑素的分泌就会更顺畅，睡眠节奏便能得到调整。同时，血清素分泌也会增加，令人感到放松，此时副交感神经活动处于优势地位，使人容易入眠，睡眠质量也会提高。另外，入睡前通过拉伸运动来放松肌肉，也能让人在醒来时神清气爽。

每五个日本人里就有一个睡眠障碍患者?

　　睡眠是维持人体健康的一项重要活动，然而，大约每五个日本人中就有一个人睡眠不足。

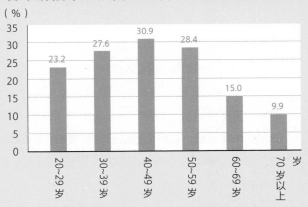

各年龄段中无法凭睡眠得到充分休息的人数比例

（%）

年龄段	比例
20~29岁	23.2
30~39岁	27.6
40~49岁	30.9
50~59岁	28.4
60~69岁	15.0
70岁以上	9.9

此表根据日本厚生劳动省于2017年发布的《国民健康营养调查》制成。

锻炼躯干能提升睡眠质量!

躯干锻炼能活化肠道运动，同时促进褪黑素顺畅分泌，使人更易入眠。并且，调节自主神经的血清素分泌旺盛，会使放松效果提升，也有利于提高睡眠质量。

优化肠道运动

分泌血清素

调节自主神经

摆脱长年腰疼肩酸

放松、放缓、平衡锻炼

在"平时感受到的不适症状"问卷调查中，"腰疼"和"肩酸"是必居高位的两个"熟客"。虽然电视节目和健康杂志上常常提起解决这两个问题的方法，但如果囫囵吞枣地对其照单全收，可能非但没有帮助，甚至还会起反作用。请大家对照下一页的错误行为自测一下吧！

如果已经出现疼痛感，过度的训练可能会加重炎症，所以首先要做的是软化因疼痛而僵硬的肌肉。放松肌肉是改善肩酸腰疼必不可少的步骤。作为躯干训练基本运动之一的 Draw in 呼吸法，可称为进阶版的腰疼治疗体操，基本姿势都是仰卧，将手置于身体两侧并按压在地面上（第 63 页），区别是加入了呼吸调整。

慢性肩酸、腰疼症状，需要通过温暖身体、改善血液循环来促进代谢产物和致痛物质的排出，从而起到缓和作用。身体暖和了，关节、肌肉的活动会更顺畅，拉伸运动和肌肉锻炼的效果也会得到提升。急性疼痛期确实需要静养，但光凭卧床休息是无法消除不适的。等症状稳定后，**还是要借助肌肉锻炼来改善引起肩酸腰疼的躯干力量不足问题，以及引起身体歪斜的肌肉力量失衡问题等，以此消除和预防疼痛。**"无痛一身轻，运动任我行"的滋味，请大家务必要感受一下！

适得其反！腰疼肩酸人群的错误行为

造成腰疼的错误行为

把受好评的腰部体操试了个遍

从别处听来的五花八门的方法，并不一定适合你的腰部状态。因为别人说好就草率地尝试，可能带来危险。

腰疼就尽量卧床静养

有些人在扭伤腰部后，由于痛感明显不敢下地活动。然而，要是治疗过后也躺着不动的话，将会陷入肌肉力量减退、身体状态恶化的恶性循环中。

胡乱进行腰部伸展

因为腰疼而进行过度的拉伸运动是很危险的，强行伸展可能会导致肌肉拉伤，不仅无法消除疼痛，还可能使症状恶化。

造成肩酸的错误行为

大力敲打肩背部位

敲打僵硬部位的瞬间会让人感到轻松舒适，但若用力过猛、刺激过度，可能会损伤肌肉组织、引起炎症，适得其反。

觉得舒服就转响脖子

脖子发出"嘎巴嘎巴"的响声，其实是关节间积累的气泡破裂的声音。如果过度转动，可能会导致关节面损伤。

把显示屏放在容易看清的位置，却不考虑体态

无论这样看起来有多清晰方便，体态不良的话，反而会加剧不适症状。正确的姿势对于改善肩酸非常重要。

鉴别哪种疼痛需去医院就诊

　　为改善肩酸、腰疼等慢性疾病而开展躯干训练时，必须要有意识地感知"腹压"。如果腹压不足，则腰部易反弓，不仅会毫无训练效果，甚至可能加剧疼痛。因此，先利用 Draw in 呼吸法感受到腹压作用后，再开始运动比较好。同时，保持正确姿势也很重要，在进行站立、行走、坐下、烹饪等各种日常动作时，也要意识到腹压的存在，多确认自己的姿势是否正确。另外，疼痛感将束缚肢体、使活动范围变窄，因此要把拉伸运动变成习惯！这样一来，大家应该能明显感觉到疼痛在一点点减轻。

　　如果按照这些方法锻炼，疼痛还是持续两天以上，甚至出现麻痹、发热等其他症状，说明体内可能潜藏着预想之外的致病因。此外，如果有跌倒等明确的病因，且痛感强烈的话，应该尽快去医院就诊。

第 **3** 章

必须掌握的
训练基础

与运动神经毫无关系！超乎想象的身体能动性

切断"负螺旋"的精彩人生

身处现代社会的我们，很多事几乎无须自己亲自动手就能轻松解决。这种生活固然方便快捷，然而也正因如此，不知不觉中我们的肌肉力量逐渐减弱、体态逐渐走样，同时产生肩酸、腰痛等各种不适症状，最后甚至难以活动，不得不面对柔韧性差、身材肥胖的困扰。在这种身体状态下，我们更加不愿动弹，因而肩酸腰痛愈加恶化……**日常生活中的我们，随时可能陷入这种难以脱身的死循环中。**

持续进行躯干训练能够增加肌肉力量、扩大可活动范围，增强躯干平衡性，同时也能够令人逐渐感觉到自己身体上的改变。从心理方面来说，不仅思维方式会更加积极向上，心态也会变得更加从容不迫。而从生理方面来说，内脏工作会更加顺畅，睡眠质量也会提高。这些都是人体开始恢复原本的身心机能的标志。我们会发现自己背挺直了、肚子不鼓了，外表也更精神了。

趁此机会，不如把自己的生活习惯也改一改吧！因伏案工作而长时间保持同一姿势产生的身体疲劳，或是因人际交往产生的精神疲劳等，都可以用平缓的活动性休息[1]（active rest）来缓解。接触一项新的运动也不失为一个好方法，特别是在个人躯干平衡性好的情况下，你会发现即使从未接触过也很容易上手，这项偶然接触的新运动甚至可能变成延续终身的爱好。因此，**能动性好的身体和运动习惯将激发你的可能性，令你拥有更丰富多彩的人生！**

---

[1]活动性休息：也称积极性休息，即在休息时进行其他活动。当局部肌肉疲劳后，可利用未疲劳的另一些肌肉进行一些适当活动，借以促进全身代谢过程，加速疲劳的恢复。

身体动一动，乐趣少不了！

在日常生活中亲身体会过运动乐趣的人自不必说，即使是毫无运动习惯的人，也能从体育活动中感受到快乐。

不感兴趣的运动，做起来也不再痛苦煎熬！

毫无运动习惯的人，当躯干力量得到强化，即使是参加本人不感兴趣的运动，也能在不经意间有不俗表现。

陪孩子玩闹也能跟得上！

和活力满满的孩子一起玩耍相当吃力，但躯干力量充足的话，就能顺利跟上他们的节奏。

拓宽爱好范围

许多人由于缺乏运动，即使有想尝试的项目，也会因自认撑不下来而泄气。如果躯干力量得到加强，就能降低受伤的风险，令你更有勇气挑战！

在家也能轻松完成！只靠自重即可锻炼躯干

简单训练，切实改变

常言道："好事不宜迟，打铁需趁热。"可哪怕你心里想着"从今天起就开始训练吧"，但如果训练时需要什么特殊器械，或是不去健身房就没法进行，你就免不了再三衡量要付出的时间和金钱。而本书中介绍的躯干训练，包括 Draw in 呼吸法和拉伸运动，都不需要任何特殊器械，并且不需要额外负重，只需要你的体重（自重）就足够了。所以无论何时何地，只要你想做，就能立刻开始。只靠自重进行锻炼，不会给肌肉、关节造成过度负担，安全性较高，老人小孩也能轻松完成。

虽然每一项训练都简单不费时、能够轻松上手，坚持下去却能看到明显变化。对于想缓解腹压较低、躯干平衡性差、柔韧性差导致的各种不适症状，或是优化身材、体态等需求，书中都为大家提供了各种针对性训练。因此，习惯各项训练之后，建议大家按照喜好和具体情况来定制自己专属的练习内容。

要想训练真正见效，就得在训练过程中时时确认动作，比如动作是否无意中变形了、是否真的作用到目标肌肉了。另外，日常生活中要注意自己的体态和腹压状况，哪怕只是稍微改变身体的使用方式，长年累月坚持下来也能收获巨大的成果。

随时随地都能锻炼！

　　不需要任何器械，任何人都能快速开始躯干训练。对训练地点也没什么要求，大家结合自身情况适当选择即可。

不需要特殊器械！

每个项目都只靠自重完成，因此不需要准备任何器械，也可以根据自身训练节奏调整负重。

不需要过多时间！

每天只需要几分钟就能做完训练。要是实在太忙，就算利用电视插播广告的间隙或睡前的零碎时间也能完成。

不需要挑选地点！

训练不需要宽阔空间，在家就能简单完成。想做就能做，这也是这项训练的加分点。

锻炼躯干力量的基础是腹式呼吸法

从身体内部紧紧勒住腹部

躯干训练的基础是 Draw in 呼吸法。或许有人会好奇，为什么锻炼肌肉却要强调呼吸方法呢？先来说说 Draw in，这种呼吸法需要先深深吸气让肚子鼓起来，然后重重呼气，把气体全部吐出、让肚子瘪下去，因此也被称为腹式呼吸法。

这动作肉眼看来非常简单，但用超声（B 超）影像将用力前后腹部肌肉状态对比呈现出来时，差别显而易见。腹横肌与其上方的腹斜肌，在不用力时几乎保持静止状态，在呼吸运动中却会剧烈收缩。同时腹部肌肉从内侧开始收紧、腹压升高，也会给膈、盆底肌等影响腹压的深层肌肉带来刺激。躯干部分在此过程中得到有效强化，它与身体表层肌肉的联动性也会大幅提高。这样一来，活动的肌肉增加、基础代谢升高，脂肪就更易燃烧。前文也提到过，腹压升高会激活内脏运动，优化睡眠规律和自主神经平衡。除此之外，脊柱的S 形弯曲也能得到彻底改善，隆起的下腹部也会逐渐收紧。

有的人一听说锻炼躯干对身体好，就迫不及待地去拼命锻炼腹肌和背肌，但只用自己的方法一个劲儿锻炼表层肌肉根本无济于事。先好好了解 Draw in 呼吸法和拉伸运动的重要作用，再开始有效锻炼你的躯干吧！

天差地别！腹式呼吸时肌肉的作用方式

　　下面两张照片拍摄的是进行腹式呼吸前后的腹部肌肉状态，通过图片我们可以发现，仅靠腹式呼吸，腹部肌肉就能得到充分的运动。

[放松时的腹部肌肉]

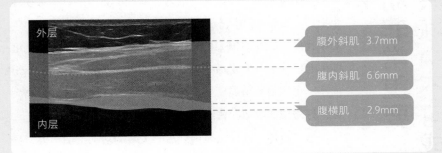

[进行腹式呼吸时的腹部肌肉]

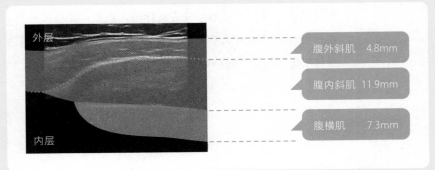

图片提供者：五十岚运动针灸整骨医院

掌握腹式呼吸法
就能锻炼腹部！

太喜欢
体态训练了

拉伸运动非常重要，在躯干锻炼中不可或缺！

可以防止受伤、提升锻炼效果、减轻疲劳

最近，有一种说法称，"锻炼前的拉伸运动会让肌肉力量和性能下降，因此还是不做为好"。但在我看来，拉伸运动益处极多，在进行躯干训练之前还是很有必要做的。如下页第二组图所示，体态良好的人，其深层肌肉力量和柔韧性也更佳，脊柱犹如积木一样垒得整整齐齐、稳定牢固。而体态不良的人，其肌肉柔韧性较差，拉扯骨骼时稍一活动就可能引起疼痛。日常生活中若常弯腰或久站、久坐，即使年纪尚小，也容易关节僵硬、姿势扭曲。因此在锻炼之前，请大家好好做拉伸、放松紧绷的肌肉，预防运动时意外受伤！

通过拉伸运动放松肌肉之后，关节的活动范围扩大，更利于身体活动伸展，使我们能够用正确姿势恰当锻炼目标肌肉。同时，拉伸肌肉会促进血液循环，从而顺畅传递刺激，提升锻炼效果。血液循环的改善也会使输送氧气的血红蛋白更加活跃，起到减轻运动疲劳的作用。然而如果过度拉伸，也有可能造成肌肉或关节疼痛。因此，紧张程度适宜又能让身体舒适的拉伸才是最好的。

拉伸运动为什么重要

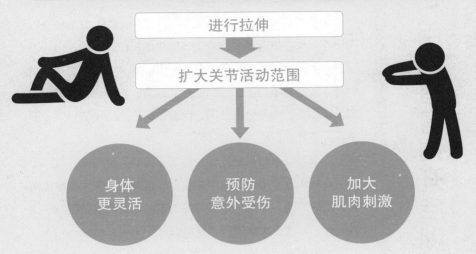

进行拉伸

↓

扩大关节活动范围

身体
更灵活

预防
意外受伤

加大
肌肉刺激

稳定脊柱，保持正确体态

拉伸运动可以使身体柔韧性提高，在此状态下进行躯干训练，脊柱就能保持稳定，所有骨骼都只在一定范围内弯曲，因此能够保持正确体态。

脊椎

堆叠稳定

进行拉伸运动，平衡锻炼躯干

堆叠不稳定

韧带等组织

利用已有习惯开启训练更易坚持

坚持三周就能养成习惯

如果有明确的目标，抱着"下次比赛一定要拿出好成绩，无论有多艰辛痛苦都要坚持下去"的想法倒还好说，但一般而言，无论多有效的训练，坚持练习、养成习惯都是很难做到的。从抱着坚持下去的想法一直练习，到变成日常习惯稳定下来，一般需要经过三周，而度过这三周的秘诀是"不骄不躁，不勉强自己，不过分努力"。

不少人原本打算坚持，却因为忘记做、没时间、没意思等一系列十分草率的理由中途放弃。这并不代表大家意志薄弱，而是因为，形成一个新习惯确实需要经历这些困难。这种时候，我建议大家进行"习惯积累"（habit stacking）。

习惯积累的具体方法很简单，只要把每天必做的事情（习惯）作为开启训练的开关，将它们搭配起来完成即可。比如刚睡醒、洗完澡后或睡前没钻进被窝的时候，可以做一下拉伸运动；比如刷完牙后，站在镜子前完成 Draw in；再比如等咖啡煮开时、电视剧插播广告时，可以趁机做躯干训练；等等。像每天洗脸刷牙一样把这些流程保持下去，直到就算心里不刻意去想，身体也会下意识开始做动作，甚至不完成训练就觉得浑身难受的地步。请大家把这些练习和自己最方便实行的习惯组合起来，当作每天的例行程序去完成吧！

小习惯的积累更利于坚持

　　将新培养的习惯和"在洗手间刷牙""在客厅看电视"这些已有习惯结合起来，就能降低形成习惯的难度。同时，准备好不能按计划完成时的备用选项（比如早上没完成的话就放到临睡前完成），也会更容易坚持下去。

养成习惯的秘诀

· 和已有习惯相结合

· 明确"何时""何地""何事"

· 事先做好无法完成时的备用计划

〈习惯举例〉

煮咖啡

看电视

刷牙

起床 / 入睡

泡澡

踏实成习惯型 vs 浮躁易受挫型

无论在哪个领域，在决定成功的关键因素之中，"得到结果之前决不放弃"都比"出众的才能"更加重要。

掌握踏实成习惯型和浮躁易受挫型各自的心理倾向，一起磨炼我们的恒心和毅力吧！

碰上必做之事时

踏实成习惯型

从当天就开始行动。制订计划，踏实执行。

浮躁易受挫型

总想着明天再做。干一点是一点，每天都有不同的心情和行动。

陷入困境时

踏实成习惯型

明确能做和不能做的事。消除不安情绪，认清现实，全力以赴。

浮躁易受挫型

自卑地想"反正我这种人什么也做不好"。被不安笼罩，止步不前。

受挫失败时

踏实成习惯型

无论经历多少次失败，都能重新开始，依靠反复踏实练习克服困难。

浮躁易受挫型

学习更新的或难度更高的技巧，寻找起死回生、反败为胜的机会。

第 4 章

开始实践!
躯干训练

你的躯干力量有多大?

　　首先请大家确认一下自己的躯干力量的大小！如果做不到这个动作，就说明你的躯干力量不足。另外，希望大家也能在坚持锻炼之后，再次利用这个方式测一测自己的躯干力量增加了多少。

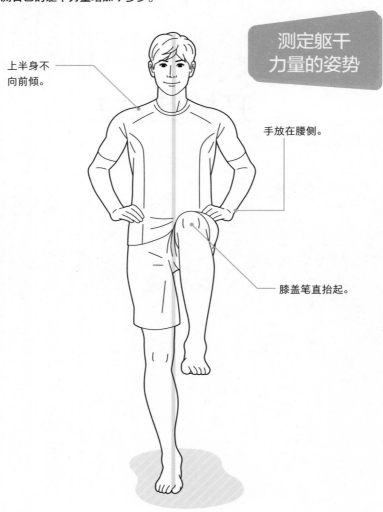

测定躯干力量的姿势

上半身不向前倾。

手放在腰侧。

膝盖笔直抬起。

持续时间

30 秒

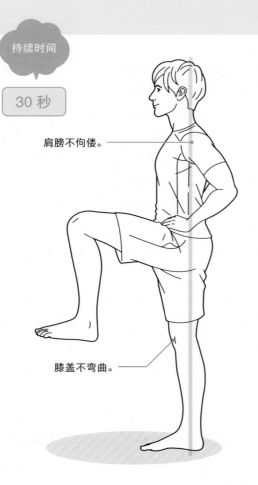

肩膀不佝偻。

膝盖不弯曲。

注意！

小朋友身体柔软，可以采用抱膝紧贴腹部的姿势。

错误

上半身后仰，膝盖弯曲。

错误

身体倾斜，左右摇晃。

了解强化躯干力量中重要的四类肌肉

了解肌肉承担的作用，才能有效锻炼

请大家务必记住腹横肌、髂腰肌、臀大肌、多裂肌这四类肌肉。

在由四类肌肉（从体表向体内分别是腹外斜肌、腹直肌、腹内斜肌、腹横肌）构成的腹肌之中，腹横肌位于最深层，是覆盖胸骨以下及下腹部、侧腹部、脊柱的深层肌肉，会在进行腹式呼吸法吐气时起作用。同时，**腹横肌也是维持正确体态不可缺少的肌肉之一**，像紧身衣一样承担着包裹内脏的作用。

髂腰肌是连接腰椎和股骨的肌肉（髂肌、腰大肌、腰小肌）的总称，具有抬升大腿、支撑骨盆、稳定腰部等作用。如果髂腰肌功能减退，则躯干力量无法顺畅传递到手臂和腿部，大腿和小腿肚都会慢慢萎缩，还会引起身体前倾、骨盆后倾等症状，同时，作为其拮抗肌的臀大肌也会逐渐萎缩。

臀大肌是覆盖臀部的一块较大的表层肌肉，它除了在坐立、行走、跑步、跳跃等动作中发挥作用，也承担支撑骨盆、稳定躯干的职责。

多裂肌是从颈椎延伸到骨盆的细长肌肉，在稳定和驱动脊柱时发挥作用。**多裂肌也是保持正确体态所必需的肌肉之一**，影响着从日常生活到体育运动的一切动作。大家在进行躯干训练时，一定要认识到这些肌肉的重要作用！

需要最先锻炼的四类肌肉

接下来向大家介绍锻炼躯干力量最重要的四类肌肉。要是能把它们锻炼好，上半身和下半身的活动都会更顺畅，躯体核心稳定性也会更好。

腹横肌

位于腹部最深层，包裹着内脏器官。有助于稳定脊柱及全身，维持优美体态。

训练页码

初级篇→第72页　中级篇→第80页

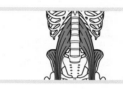

髂腰肌

位于腰部深层，连接上半身和下半身。有助于维持站姿，提起腿部。

训练页码

初级篇→第74页　中级篇→第82页

臀大肌

臀部最大的一块肌肉。起到支撑骨盆的作用，有助于在锻炼中稳定躯干、提高上半身运动机能。

训练页码

初级篇→第76页　中级篇→第84页

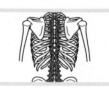

多裂肌

从颈部延伸到骨盆，依附于脊柱。帮助扭动身体，在锻炼中起到减轻腰部负担的作用。

训练页码

初级篇→第78页　中级篇→第86页

正确的姿势比锻炼的次数更重要

错误姿势是导致受伤和疼痛的原因

为有效进行躯干训练，我们需要用 Draw in 呼吸法和拉伸运动辅助练习。除此之外，在锻炼中保持正确姿势也是需要重点关注的。以"每天做 100 次腹肌训练"为例，大多数人注重的是完成的次数而不是姿势的正确与否。这将导致训练效果适得其反，不仅不能对躯干起到强化作用，甚至将使骨盆在反作用下失去稳定性；使腰部易反弓，从而给竖脊肌带来过度负担，极有可能引起腰痛。

为了切实刺激平时鲜少使用的深层肌肉，我们在锻炼之前要了解目标肌肉的位置，确认注意要点以及常见的易错动作等。请大家每次锻炼都认真注意自己的身体是否呈直线、腰部是否反弓、骨盆是否左右摇晃！

越是优秀的运动员，就越重视基础练习及训练前后的拉伸运动。因为他们知道，所有成绩都建立在扎实的基础之上，这样不仅能激发身体的爆发力和耐力，掌握更高难度的技巧，也能尽量远离伤病。如果基础出了问题，不仅成绩得不到提升，还得花大量的时间和精力去改正先前的错误。另外，人在心情陷入低谷时，往往容易在基本训练中敷衍或犯错，因此也请大家务必调整好自己的身心状态，以此为基础，确认锻炼时的姿势是否正确。

姿势错误将导致受伤

　　姿势不正确，就算拼命锻炼也起不到效果，甚至可能导致受伤。比起锻炼的次数，掌握正确的姿势更为重要，这一点请大家牢记！

错误

这样会给颈部和腰部造成负担！

这样会让腹压降低！

会导致腰疼甚至受伤！

重点在于用正确姿势进行锻炼

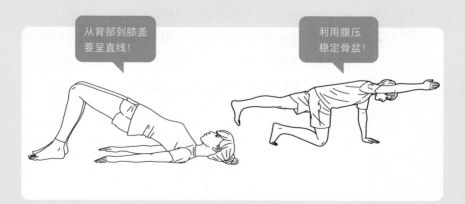

从背部到膝盖要呈直线！

利用腹压稳定骨盆！

一周三次、三种动作、三分钟起，就这么简单！

用三周时间，把躯干训练变成毕生习惯

在正式开始训练之前，先设定一下自己的目标吧！"调整体态、改善身材，把那件喜欢的衣服美美地穿在身上""改善腰疼症状，登遍日本百座名山""跑完全程马拉松"……像这样拥有具体的目标，训练的动力也会大大增加。但刚开始就把自己逼得太紧，做太多训练是不行的，这种做法难以持续，还会让人逐渐敷衍懈怠，从而达不到锻炼效果。

第一周，请大家每天选择两种喜欢的训练来做。不同的训练，受刺激的肌肉和得到的效果也不相同，这样就能坚持下去而不感到腻烦。虽然每天训练的时间加起来只有三分钟左右，但没有运动习惯的人仍可能感到肌肉酸痛，而这正是需要锻炼的目标肌肉受到刺激的证明。第二周，仅需抽出三天，每天尝试三种训练就可以了。第三周以后，需要在第二周的基础上，将每天做的各种训练增加到三组。如果持续一段时间后感觉尚有余力，可以慢慢增加训练项目。

前文已经介绍过，坚持运动的秘诀在于习惯的积累（第50页），除此之外还有一点：把每天的锻炼时间固定在一定范围内，更利于习惯的形成。利用手机或电脑的定时提醒功能就是个不错的方法。另外，也可以在日历上标注做过训练的日子，把付出的努力可视化，以此达到激励自己的效果。

目标：坚持锻炼三周！

想拥有充足的躯干力量，就需要持之以恒地训练。先以一周（或三周，如果可以的话）为目标进行锻炼吧！

坚持锻炼的秘诀是：采用不勉强、不易腻烦的方式进行。

| Draw in 呼吸法
第 62 页 | ＋ | 拉伸运动
第 64~69 页 |

＋

第一周

每天，
任选 2 种训练
各进行 1~3 组

第二周

一周三次，
任选 3 种训练
各进行 1~3 组

第三周

一周三次，
任选 3 种训练
各进行 3 组

从中任选！

刺激周身
平板支撑 第 70 页

腹横肌锻炼
初级篇 第 72 页

髂腰肌锻炼
初级篇 第 74 页

臀大肌锻炼
初级篇 第 76 页

多裂肌锻炼
初级篇 第 78 页

腹横肌锻炼
中级篇 第 80 页

髂腰肌锻炼
中级篇 第 82 页

臀大肌锻炼
中级篇 第 84 页

多裂肌锻炼
中级篇 第 86 页

可以配合第 5 章中提到的小孩、老人适用的训练一起做！

**坚持锻炼三周
既能养成习惯，又能强化内心！**

首先必做!
Draw in呼吸法全掌握

Draw in 是一种边呼吸边控制腹部收缩的训练。

这是所有躯干训练的基础，所以请大家牢记正确的训练方法。

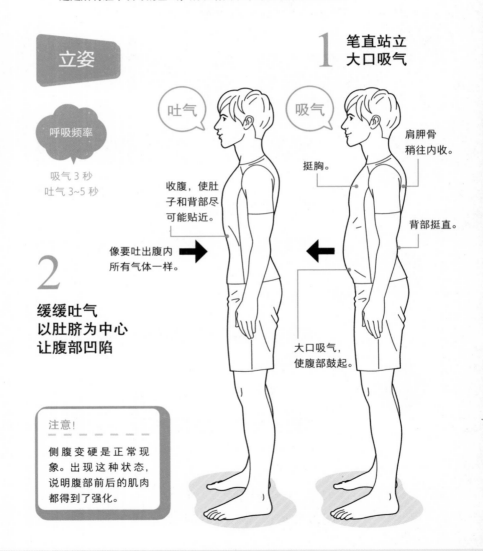

立姿

呼吸频率

吸气 3 秒
吐气 3~5 秒

1 笔直站立
大口吸气

吐气

吸气

肩胛骨
稍往内收。

挺胸。

背部挺直。

收腹，使肚
子和背部尽
可能贴近。

像要吐出腹内
所有气体一样。

大口吸气，
使腹部鼓起。

2 缓缓吐气
以肚脐为中心
让腹部凹陷

注意!

侧腹变硬是正常现
象。出现这种状态，
说明腹部前后的肌肉
都得到了强化。

卧姿

1
支起双腿
仰卧吸气

呼吸频率

吸气 3 秒
呼气 3~5 秒

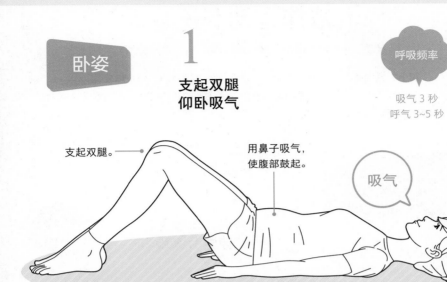

支起双腿。

用鼻子吸气，
使腹部鼓起。

吸气

2
吐气时
腹部用力凹陷

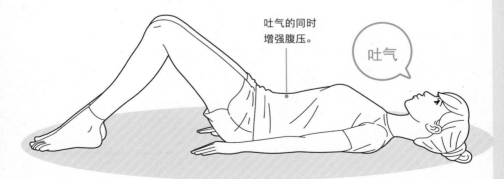

吐气的同时
增强腹压。

吐气

增强躯干力量锻炼效果的
拉伸运动（一）

躯干力量训练开始之前，请大家一定要先做拉伸运动，使身体复位！

拉伸运动不仅能够防止受伤，还可以扩大关节的活动范围，因而能够增强躯干力量锻炼的效果。

臀部和背部拉伸

1

坐姿，单膝支起拉伸整个臀部

持续时间

10 秒

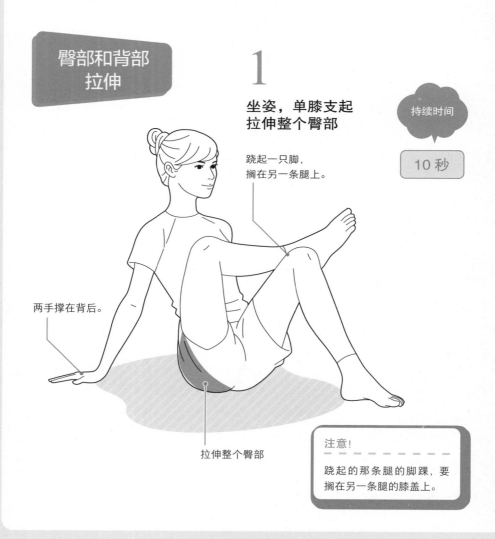

跷起一只脚，搁在另一条腿上。

两手撑在背后。

拉伸整个臀部

注意！

跷起的那条腿的脚踝，要搁在另一条腿的膝盖上。

2

**上方那条腿
从另一条腿上跨过**

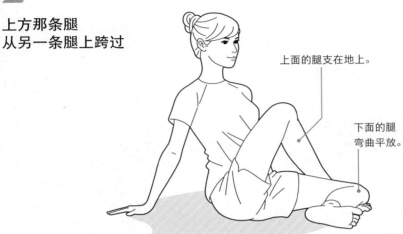

上面的腿支在地上。

下面的腿
弯曲平放。

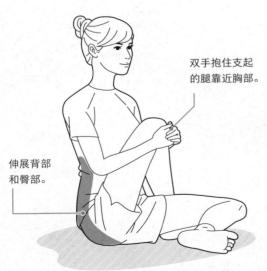

双手抱住支起
的腿靠近胸部。

伸展背部
和臀部。

持续时间

3

10 秒

**膝盖贴近胸部
挺直脊背
换边，重复上述动作**

增强躯干力量锻炼效果的
拉伸运动（二）

1

坐姿，单膝支起

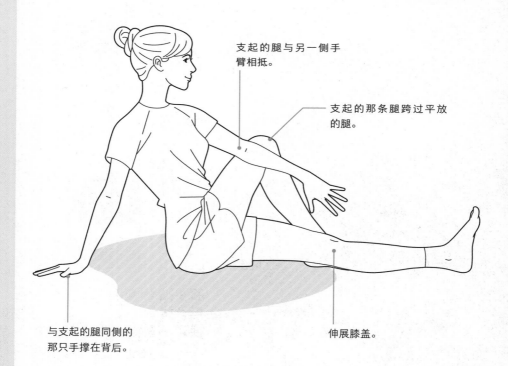

支起的腿与另一侧手臂相抵。

支起的那条腿跨过平放的腿。

与支起的腿同侧的那只手撑在背后。

伸展膝盖。

注意！

上方那条腿的膝盖要和下方那条腿的脚尖在一条直线上。

66

2

**手臂抵住膝盖
扭转上半身
换边，重复上述动作**

持续时间

10 秒

错误

支起的腿倾斜，未
保持直立，会削弱
拉伸效果。

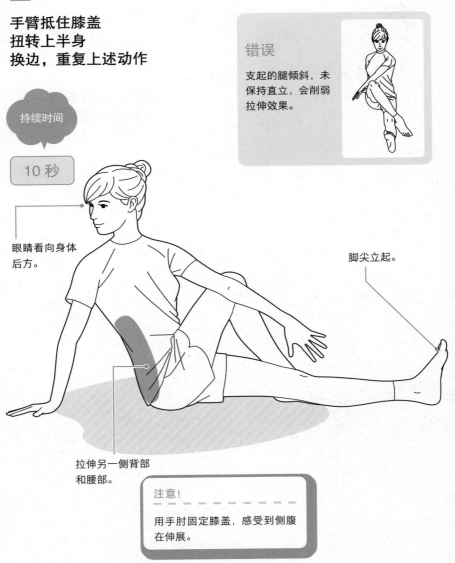

眼睛看向身体
后方。

脚尖立起。

拉伸另一侧背部
和腰部。

注意!

用手肘固定膝盖，感受到侧腹
在伸展。

67

增强躯干力量锻炼效果的
拉伸运动（三）

大腿内侧
和髋关节拉伸

1

坐姿，分开双腿
双脚脚掌并拢

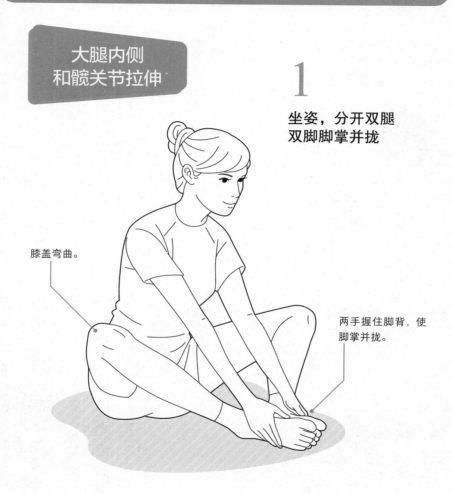

膝盖弯曲。

两手握住脚背，使
脚掌并拢。

2

将双脚拉近身体
伸展背部
放松大腿内侧和髋关节

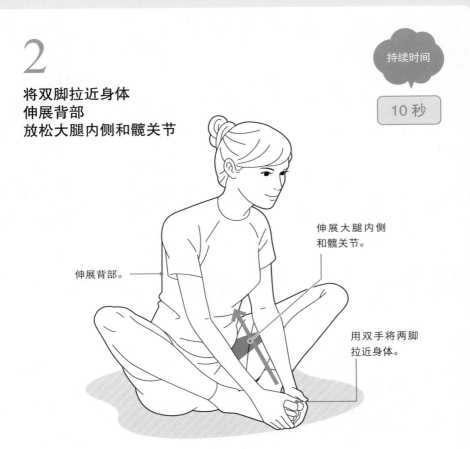

伸展大腿内侧
和髋关节。

伸展背部。

用双手将两脚
拉近身体。

注意！

两脚脚掌靠近身体时
依然保持并拢状态，
拉伸髋关节周围。

错误

不用力将双脚拉
近身体的话，训练
效果将大打折扣。

初学者由此开始！
基础训练

接下来为大家介绍初学者也能立刻学会的躯干力量基础训练。动作简单，效果超棒！请大家配合 Draw in 呼吸法试试看吧！

能刺激全身的
平板支撑

1

俯卧
手肘置于肩膀正下方撑地

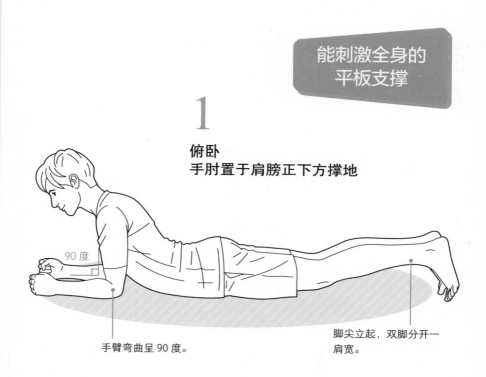

90 度

手臂弯曲呈 90 度。

脚尖立起，双脚分开一肩宽。

动作要领

视体力情况

用 3 秒时间，
边吐气边抬起骨盆
保持 10 秒

5~10 次

边吸气边慢慢恢复原姿势

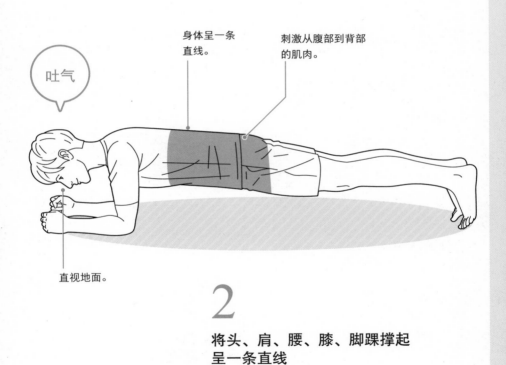

身体呈一条
直线。

刺激从腹部到背部
的肌肉。

吐气

直视地面。

2

将头、肩、腰、膝、脚踝撑起
呈一条直线

实践!
躯干力量训练（一）

接下来为大家介绍躯干力量锻炼中四类重要肌肉的针对性训练动作。
请大家牢记正确的训练姿势并认真实践！

腹横肌锻炼
初级篇

腹直肌
也能得到
锻炼

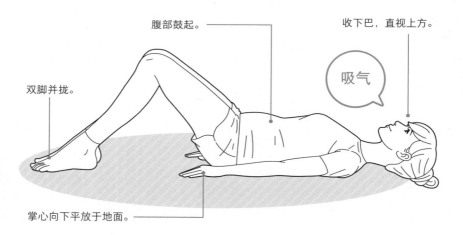

腹部鼓起。

收下巴，直视上方。

吸气

双脚并拢。

掌心向下平放于地面。

1

两膝支起，仰卧
吸气，使腹部鼓起

2

一边吐气
一边抬起肩膀

视体力
情况

5~10 次

刺激腹部肌肉。

吐气

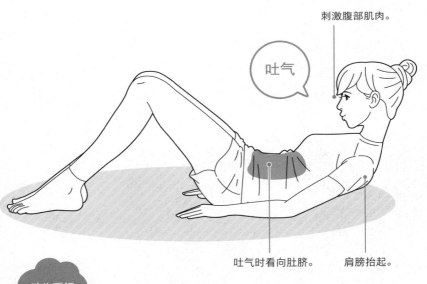

吐气时看向肚脐。

肩膀抬起。

动作要领

用 3 秒时间，
边吐气边抬起肩膀
保持 3 秒

实践！
躯干力量训练（二）

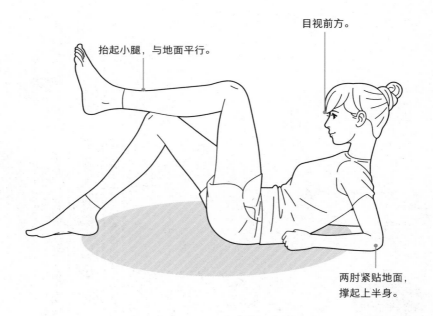

髂腰肌锻炼
初级篇

目视前方。

抬起小腿，与地面平行。

两肘紧贴地面，
撑起上半身。

1

两肘紧贴地面
单腿抬起
小腿与地面平行

2

膝盖靠近上半身
腹部用力
换边，重复上述动作

左右各做

10 次 × 2~3 组

吐气

刺激腹部。

骨盆紧贴地面。

腹部用力收紧，将膝盖
尽量靠近上半身。

动作要领

用 2 秒时间，
边吐气边使膝盖靠近
上半身

用 3 秒时间，
边吸气边恢复原姿势

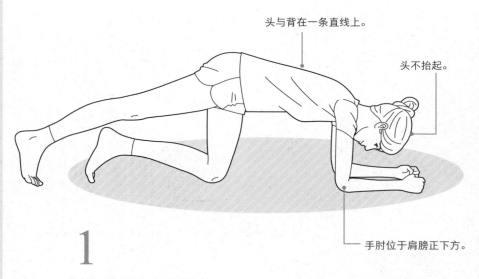

头与背在一条直线上。

头不抬起。

手肘位于肩膀正下方。

1

头与背在一条直线上
保持匍匐姿势

动作要领

用3秒时间，
边吐气边向后抬腿
保持5秒

用3秒时间，
边吸气边恢复原姿势

左右各做

5次 ×3组

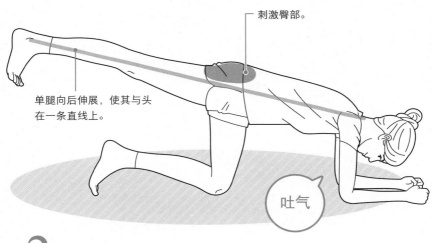

刺激臀部。

单腿向后伸展，使其与头
在一条直线上。

吐气

2

头与脚后跟在一条直线上
单腿抬起
换边，重复上述动作

多裂肌锻炼
初级篇

1

仰卧
支起双膝

膝盖分开。

双脚分开一拳宽。

掌心向下平放于地面。

动作要领

左右各做

用 2 秒时间，
边吐气边抬起背部
保持 3 秒

用 3 秒时间，
边吸气边恢复原姿势

5 次 ×2~3 组

2
背部抬起
身体呈直线

保持骨盆平稳端正。

腰部挺起，使身体呈
直线。

吐气

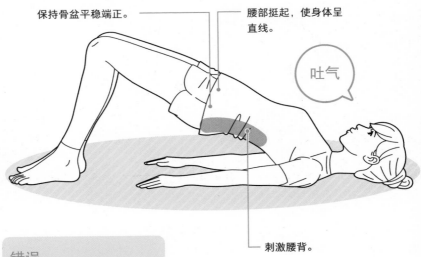

刺激腰背。

错误

注意：背部过度挺起的话，将
给腰部造成负担。

腹斜肌也能
得到锻炼

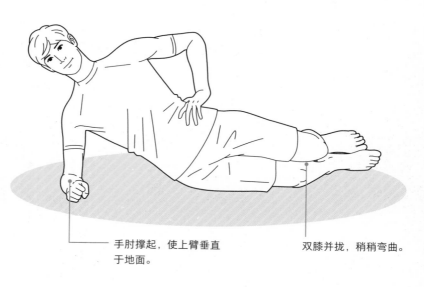

手肘撑起，使上臂垂直
于地面。

双膝并拢，稍稍弯曲。

1

侧卧
单肘支起上半身

2

吐气并抬起骨盆
缓缓恢复成原姿势
换边，重复上述动作

左右
交替进行

5 次 ×2~3 组

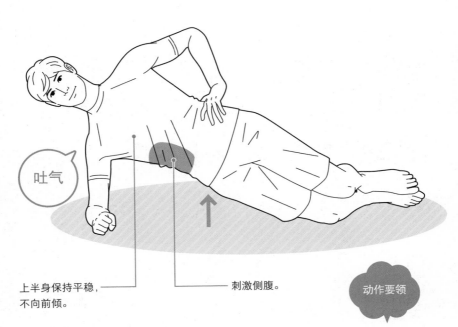

吐气

上半身保持平稳，
不向前倾。

刺激侧腹。

动作要领

用 3 秒时间，
边吐气边抬起腰部
保持 10 秒

用 3 秒时间，
边吸气边恢复原姿势

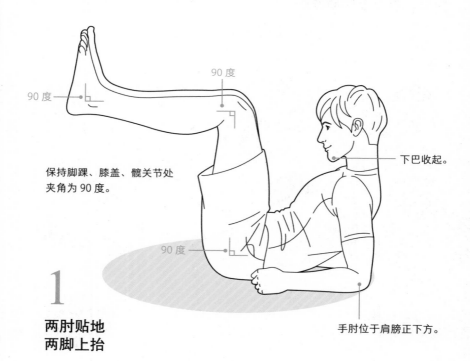

90 度

90 度

保持脚踝、膝盖、髋关节处
夹角为 90 度。

下巴收起。

90 度

1

两肘贴地
两脚上抬

手肘位于肩膀正下方。

2

两膝靠近上半身
感受腹肌用力

视体力
情况

10次 ×3组

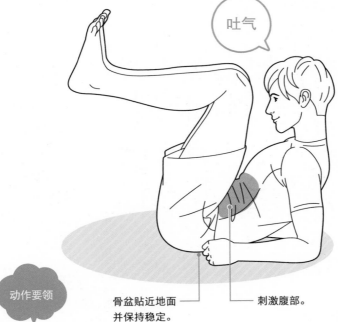

吐气

骨盆贴近地面
并保持稳定。

刺激腹部。

动作要领

用 3 秒时间，
边吐气边使膝盖
靠近身体

用 3 秒时间，
边吸气边恢复原姿势

实践！
躯干力量训练（七）

上方那条腿的脚踝放在下方那条腿的膝盖上。

脚尖朝前。

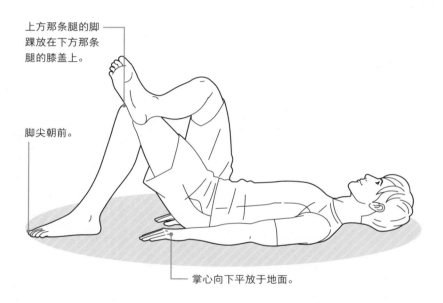

掌心向下平放于地面。

1

仰卧
单腿弯曲抬起
放在另一条腿上

用 3 秒时间，
边吐气边抬起骨盆

用 3 秒时间，
边吸气边恢复原姿势

10 次 ×2~3 组

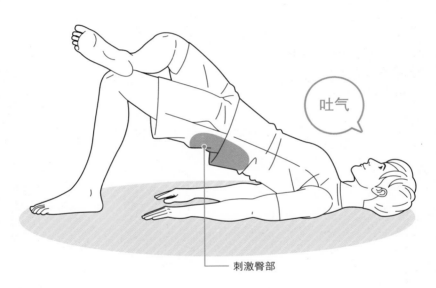

——刺激臀部

2

骨盆抬起
胸部、腹部、膝盖呈一条直线
换边，重复上述动作

实践！
躯干力量训练（八）

多裂肌锻炼
中级篇

1

四肢着地，爬行姿态
腰部不要反弓
维持腹压

直视地面。

双足、双膝
间保持一拳
宽。

动作要领

用3秒时间，
边吐气边伸展一侧手臂
与另一侧的腿
保持3秒

用3秒时间，
边吸气边恢复原姿势

左右
交替进行

10次 ×2~3组

2

**笔直伸展手臂
和另一侧的腿
换边，重复上述动作**

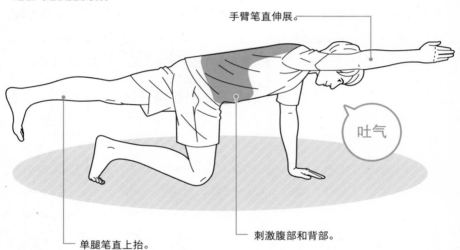

手臂笔直伸展。

吐气

单腿笔直上抬。

刺激腹部和背部。

错误

注意：抬头向上看的话，会
因腰背过度弯曲而感到疼
痛，也会使训练失去效果。

你是哪一种？

天差地别！各都道府县的"日均步数"

日本厚生劳动省 2016 年国民健康营养调查结果显示，各都道府县成年人（20~64 岁）的日均步数排行中，大阪（8762 步）和神奈川（7795 步）分别占据男、女性榜首。

为使国民延长健康寿命、幸福度过晚年，厚生劳动省在"智慧生活项目"（Smart Life Project）中呼吁日本民众每天多运动 10 分钟，体育厅在"趣味行走项目"（FUN+WALK PROJECT）中号召大家每天多走 1000 步。此外，地方自治团体也在这方面下了不少功夫，比如德岛县鸣门市就大力推广躯干平衡训练，致力于提高各年龄层民众的基础体力和健康意识。

各都道府县日均步数排行榜

男性						女性					
排名	都道府县名	步数	排名	都道府县名	步数	排名	都道府县名	步数	排名	都道府县名	步数
1	大阪	8762	24	北海道	7381	1	神奈川	7795	24	岛根	6549
2	静冈	8676	25	福岛	7297	2	京都	7524	25	秋田	6541
3	奈良	8631	26	鹿儿岛	7296	3	广岛	7357	26	茨城	6471
4	东京	8611	27	佐贺	7283	4	滋贺	7292	27	福岛	6470
5	京都	8572	28	石川	7254	5	东京	7250	28	石川	6465
6	埼玉	8310	29	富山	7247	6	岐阜	7234	29	三重	6460
7	冈山	8136	30	山梨	7236	7	大阪	7186	30	群马	6430
8	千叶	8075	31	长野	7148	8	福冈	7155	31	宫城	6354
9	神奈川	8056	32	三重	7119	9	千叶	7086	32	德岛	6313
10	爱知	8035	33	山形	7098	10	静冈	6975	33	香川	6260
11	岐阜	7990	34	长崎	7061	11	山口	6969	34	新潟	6186
12	爱媛	7845	35	新潟	7029	12	大分	6954	35	岩手	6132
13	广岛	7829	36	宫崎	7022	13	爱媛	6945	36	爱知	6077
14	山口	7817	37	群马	6964	14	长崎	6929	37	富山	6074
15	兵库	7782	38	冲绳	6850	15	埼玉	6880	38	和歌山	6062
16	滋贺	7760	39	岛根	6820	16	山梨	6838	39	冲绳	6052
17	香川	7696	40	宫城	6803	17	兵库	6813	40	北海道	6051
18	大分	7599	41	德岛	6791	18	奈良	6787	41	冈山	6042
19	栃木	7582	42	和歌山	6743	19	福井	6732	42	青森	6010
20	福井	7551	43	鸟取	6698	20	鹿儿岛	6700	43	宫崎	5939
21	福冈	7474	44	岩手	6626	21	佐贺	6635	44	山形	5893
22	青森	7472	44	秋田	6626	22	长野	6606	45	鸟取	5857
23	茨城	7445	46	高知	5647	23	栃木	6583	46	高知	5840

* 熊本县因震灾不计数据。
本表格参考日本厚生劳动省《2016 年国民健康营养调查报告》制成。

第 5 章

全家一起
锻炼躯干

大人小孩都能做！从躯干自我保健开始

"儿童运动障碍"导致肢体僵硬失衡

运动障碍综合征（Locomotive Syndrome），指因腰腿功能衰退而导致的自主运动能力低下状态。在需要有人护理或卧床不起、出现认知障碍之前，应尽早预防或通过治疗改善这一疾病。也就是说，这种疾病一般出现在老年人身上。然而近十几年，**"儿童运动障碍"问题逐渐显现**。生在网络环境突飞猛进的年代，长在电子设备频繁更新换代的时期，孩子们身体出现的这种异常变化，在以往几乎是无法想象的。

日本非营利组织"全国防止运动障碍协会"（Japan Stop the Locomo Council）相关内容显示，只要孩子的身体满足以下四项表征的任意一项，就表示其可能患有运动障碍：

1. 无法单脚平衡站立 5 秒以上；

2. 蹲下时脚后跟无法着地；

3. 手臂无法垂直上举；

4. 保持双腿伸直、上半身弯下（立位体前屈）的动作，手指碰不到地面。

2010—2013 年的调查数据显示，**日本约 40% 的儿童都或多或少地表现出运动器官功能障碍症状**，出现"极度缺乏运动"和因长时间进行同一项体育运动而"过度使用特定肌肉和关节"的两极分化情况。然而无论哪一种，都容易导致儿童出现运动障碍。从 7 岁左右开始，孩子的体态将会逐渐恶化，受重伤的风险也会增加。

大家可以和家人们一起，在假期里好好检查一下各自的体态和柔韧性是否良好。不管男女、不论老少，躯干力量和柔韧性随时都可以通过锻炼得到提升。

全家一起检查

　　运动障碍综合征不仅出现在老年人中，也发生在许多孩子身上。下图介绍的是"儿童运动障碍"的自测方式。全家人都可以按照下面的方法，互相检查一下各自的身体状态。

[4 个运动功能障碍自测方式]

但凡有一项无法做到，就表示可能存在儿童运动障碍。

① 单脚站立

· 分别用左右腿平稳
　站立 5 秒以上

检测身体
平衡性

② 下蹲

· 能够流畅下蹲，中途不停顿
· 脚后跟不提起，能贴地
· 不往后倒

检测下半身
柔韧性

③ 双臂上举

· 双臂平衡上举
　至耳后，垂直
　于地面

检测上半身
柔韧性

④ 立位体前屈

· 双腿伸直，指尖
　轻松触地

检测躯干
柔韧性

大人和小孩可以结伴完成的躯干力量训练

接下来为大家介绍能够检测及锻炼躯干力量的训练内容。
请大家结伴进行训练，检查彼此的躯干力量吧！

下蹲练习

1

**面对面站立
牵住双手**

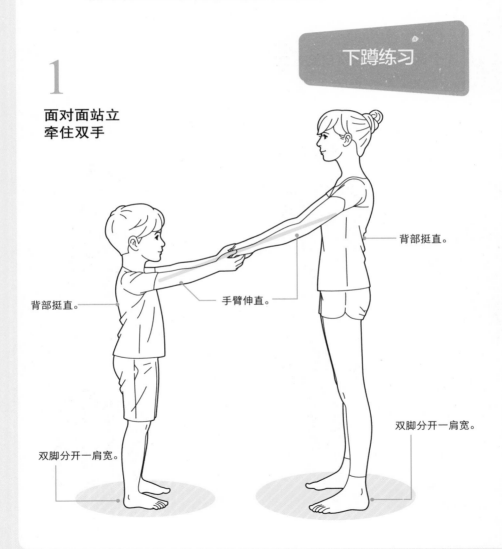

背部挺直。

手臂伸直。

背部挺直。

双脚分开一肩宽。

双脚分开一肩宽。

2

腰部下沉
缓缓蹲下

动作要领

用5秒时间，
边吐气边沉腰下蹲
保持10秒

边缓缓吸气边恢复原姿势

5次

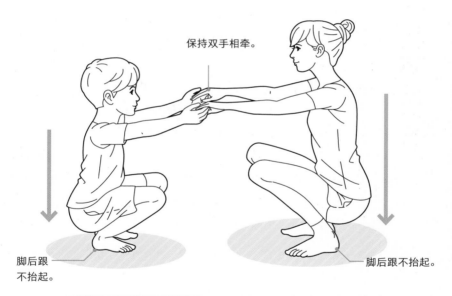

保持双手相牵。

脚后跟
不抬起。

脚后跟不抬起。

错误

无法顺利下蹲，说明髋关节、脚踝等部位僵化了。身体僵硬易导致意外受伤及不适症状。

错误

身体摇晃、无法保持平衡，说明躯干力量不足，应持续进行这项训练以提高躯干力量！

防止孩子受伤及脚趾变形

在黄金时期锻炼躯干平衡！

捉迷藏、踢罐子、跳皮筋、堆雪人……从前的孩子们在玩这些游戏的过程中，躯干力量和平衡性都会得到锻炼，体力和运动神经发育也会有显著提高。5~12岁这段时期，孩子的身体机能和运动能力飞速进步，因此也被称为身体发育的"黄金时期"。据说人的神经系统在12岁时就能发育得和成年人相差无几。

然而如今这个时代，却很少见到在公园里疯跑玩闹的孩子们。在这些不常活动的孩子身上，出现了令人无法忽视的异常状况，意外受伤就是其中之一。以前的小孩子即便摔倒也能条件反射地立刻伸手撑扶，顶多擦伤手掌或膝盖。但现在，摔倒时无法立即做出反应的孩子越来越多，因头部或脸部着地而受重伤的意外事故不断增加。

另外一个异常状况是脚趾变形。数据显示，约80%的孩子都有"浮趾"，即站立或坐下时，脚趾不能贴地，而是跷了起来。脚趾无法正常贴地，站立时就容易跌倒、受伤，也难以保持体态平衡。更严重的是，一直以来被认为只有成年人才有的"拇指外翻"症状，最近却出现在很多孩子身上。

对于这类意外受伤、脚趾变形的情况，及时预防比什么都重要。希望家长们能多陪伴孩子们活动玩耍，从而有效锻炼他们的躯干力量和平衡性！

儿童中屡见不鲜的浮趾

在以某家幼儿园的 98 名 4~5 岁儿童为对象进行的浮趾测试中,过半儿童的脚有浮趾。浮趾患者无法保障身体平衡，容易出现跌倒、受伤情况。

[98 名儿童的浮趾比例]

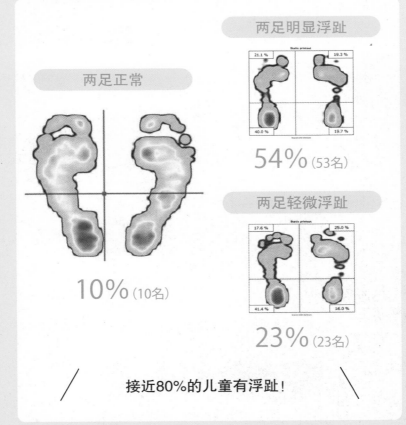

两足正常

10%（10名）

两足明显浮趾

54%（53名）

两足轻微浮趾

23%（23名）

接近80%的儿童有浮趾！

信息来源：日本 DreamGP 公司

塑造孩子身体的躯干力量训练
初级篇

躯干力量不仅对成年人非常重要，对孩子们来说也意义非凡。希望孩子在运动能力飞速提高的成长时期，能够牢记身体的正确使用方法，切实防止受伤。

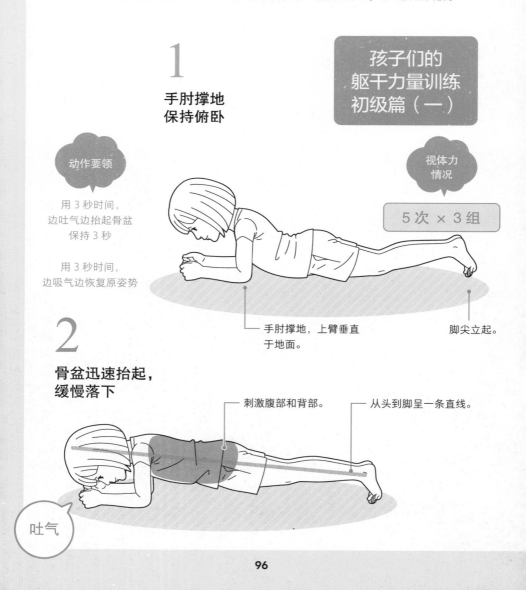

1

手肘撑地
保持俯卧

孩子们的
躯干力量训练
初级篇（一）

动作要领

用 3 秒时间，
边吐气边抬起骨盆
保持 3 秒

用 3 秒时间，
边吸气边恢复原姿势

视体力
情况

5 次 × 3 组

手肘撑地，上臂垂直
于地面。

脚尖立起。

2

骨盆迅速抬起，
缓慢落下

刺激腹部和背部。

从头到脚呈一条直线。

吐气

96

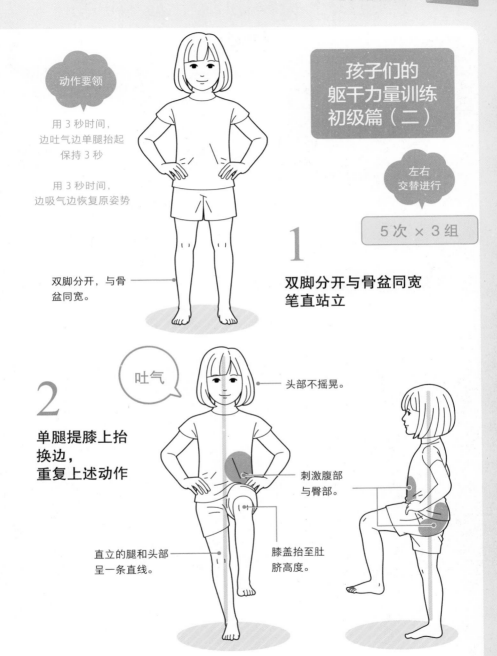

动作要领

用 3 秒时间，
边吐气边单腿抬起
保持 3 秒

用 3 秒时间，
边吸气边恢复原姿势

孩子们的
躯干力量训练
初级篇（二）

左右
交替进行

5次 × 3组

1

双脚分开，与骨
盆同宽。

双脚分开与骨盆同宽
笔直站立

2

吐气

单腿提膝上抬
换边，
重复上述动作

头部不摇晃。

刺激腹部
与臀部。

直立的腿和头部
呈一条直线。

膝盖抬至肚
脐高度。

塑造孩子身体的躯干力量训练 中级篇

孩子们的躯干力量训练中级篇（一）

左右慢速、快速各做

5次 × 2组

动作要领

慢速

用 3 秒时间，
边吐气边慢速抬起骨盆
用 3 秒时间，
边吸气边恢复原姿势

+

快速

边吸气边快速抬起骨盆
保持 3 秒
边吸气边恢复原姿势

1

**单肘撑起
保持侧卧**

手肘撑地，上臂垂直于地面。

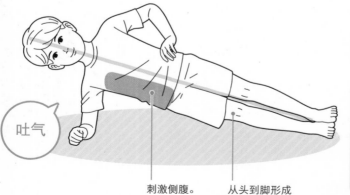

吐气

2

**抬起骨盆
缓慢复原**

刺激侧腹。

从头到脚形成
一条直线。

注意！

通过慢速和快速训练，能够塑造不易失衡、可瞬间发力的好身体。

动作要领

慢速

用 3 秒时间，
边吐气边单腿上抬
保持 10 秒
用 3 秒时间，
边吸气边恢复原姿势

+

快速

边吐气边快速抬腿
保持 5 秒
边吸气边恢复原姿势

孩子的
躯干力量训练
中级篇（二）

左右慢速、
快速各做

3 次 × 3~5 组

双脚分开，
与肩同宽。

1

双脚分开一肩宽
身体站直

吐气

抬起的
腿贴近
腹部。

刺激臀部。

2

双手抱膝
单腿靠近腹部
换边，重复上述动作

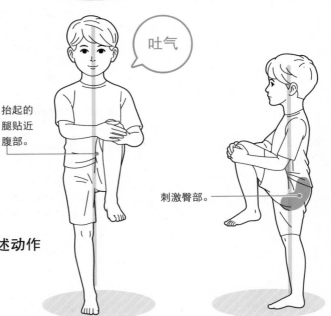

99

能跑得更快的躯干力量训练

要想跑得快，就得有平稳的身体和活动自如的四肢。只要坚持以下训练，就能获得可以快速跑动的好身体。

左右各做

1

**仰卧
两膝支起**

**速跑能力
提升训练（一）**

5 次 × 3 组

动作要领

用 3 秒时间，
边吐气边单腿抬起
用 3 秒时间，
边吸气边恢复原姿势

90 度

双膝分开一拳宽。

掌心向下平放于地面。

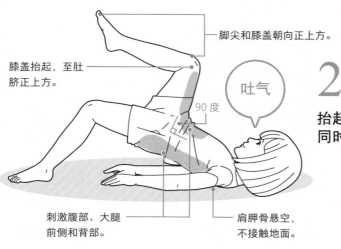

脚尖和膝盖朝向正上方。

膝盖抬起，至肚脐正上方。

吐气

90 度

2

**抬起骨盆
同时单腿抬起**

刺激腹部、大腿前侧和背部。

肩胛骨悬空，不接触地面。

速跑能力
提升训练（二）

左右各做

5 次 × 2 组

1

仰卧
两膝支起

双膝分开一拳宽。

90 度

掌心向下平放于地面。

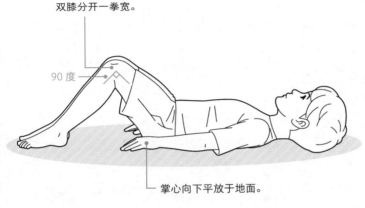

动作要领

用 3 秒时间，
边吐气边单腿抬起
用 3 秒时间，
边吸气边恢复原姿势

2 抬起骨盆
单腿伸直

单腿抬起，使肩膀与脚尖
呈一条直线。

脚尖和膝盖
朝向正上方。

吐气

刺激大腿前侧和
背部。

认知障碍

老年人须预防跌倒受伤、卧床不起、

无论多大年纪，都能重获躯干平衡

年轻时很快就能痊愈的小伤小病，上了年纪后却不得不提防，尤其需要注意的是"跌倒"。若因跌倒引起股骨骨折，就需要好长一段时间才能正常行走。在静养期间，老年人的肌肉力量会明显衰退，甚至可能卧床不起或患上认知障碍。然而，要是因为害怕跌倒而减少外出，同样会引起肌肉力量和身体机能的衰退。

不光在室外，在自家的客厅里也很容易发生跌倒。对老人来说，控制抬腿的髂腰肌的力量减退会导致抬腿困难，甚至在碰到地毯、门槛这样略有高度的地方时也会失去平衡。正因如此，许多老人会在自己熟悉的家里受重伤，比如在台阶、玄关处踩空，或在浴室里、地板上滑倒摔伤头部。

安装栏杆、扶手，或提供可调整高度的床和椅子等措施固然重要，却无法杜绝意外摔倒的发生。要想彻底规避风险，就必须有一个不易摔倒的硬朗身体，也就是重获躯干平衡。就算年逾九十，只要肯坚持锻炼，肌肉力量也能得到相应的提升。而且，增强肌肉力量以及通过拉伸运动维持柔韧性，都有利于保护关节。希望每个人都能靠自己的双脚走完充实的人生！

意外受伤的最大原因就是摔倒

造成老年人需要紧急救护的各种意外事故

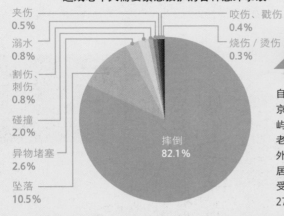

夹伤
0.5%

溺水
0.8%

割伤、
刺伤
0.8%

碰撞
2.0%

异物堵塞
2.6%

坠落
10.5%

咬伤、戳伤
0.4%

烧伤/烫伤
0.3%

摔倒
82.1%

"摔倒"占意外事故总数的八成以上！

自 2015 年起的五年间，日本东京消防厅辖区内（除稻城市及岛屿地区之外的东京都各地）导致老年人受伤的意外事故中，"意外摔倒"以超过 80% 的占比高居榜首。另外，这五年内因摔倒受伤需要紧急救护的人数高达 27 万以上。

* 调查对象：日本东京消防厅辖区内（除稻城市及岛屿地区之外的东京都各地）
  接受紧急救护的 65 岁以上老年人。
* 调查总数：333234 人（意外事故种类中已除去"其他""原因不明"两类）。
  此图根据日本东京消防厅《从紧急救护数据看老年人群的意外事故》制成。

老年人摔倒事故连年增加

导致老年人受伤的事故中，"意外摔倒"占据绝对优势。而从 2015 年至 2019 年的五年间，（因摔倒）请求紧急救护的人数呈现逐年增加的趋势。

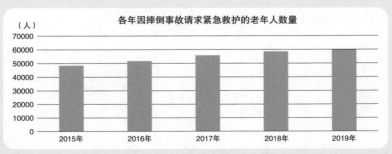

各年因摔倒事故请求紧急救护的老年人数量

* 调查对象：日本东京消防厅辖区内（除稻城市及岛屿地区之外的东京都各地）接受紧急救护的 65 岁以上老年人。
* 调查总数：273419 人。
  此表根据日本东京消防厅《从紧急救护数据看老年人群的意外事故》制成。

塑造不易受伤的身体!(一)

如果不加以使用,肌肉就会日渐萎缩;但无论年龄多大,只要进行锻炼,它们又能重获活力。请大家以拥有健康有活力的身体为目标,按照自己的节奏坚持锻炼吧!

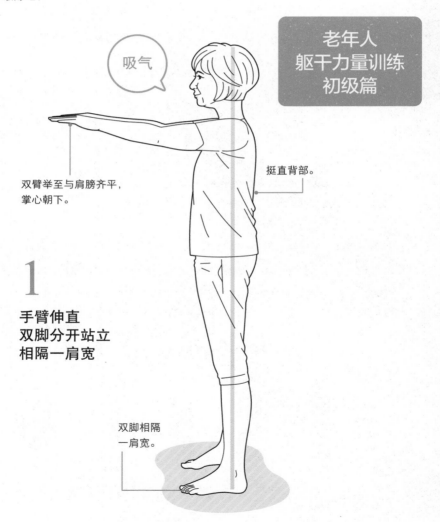

吸气

老年人
躯干力量训练
初级篇

双臂举至与肩膀齐平,掌心朝下。

挺直背部。

1

手臂伸直
双脚分开站立
相隔一肩宽

双脚相隔
一肩宽。

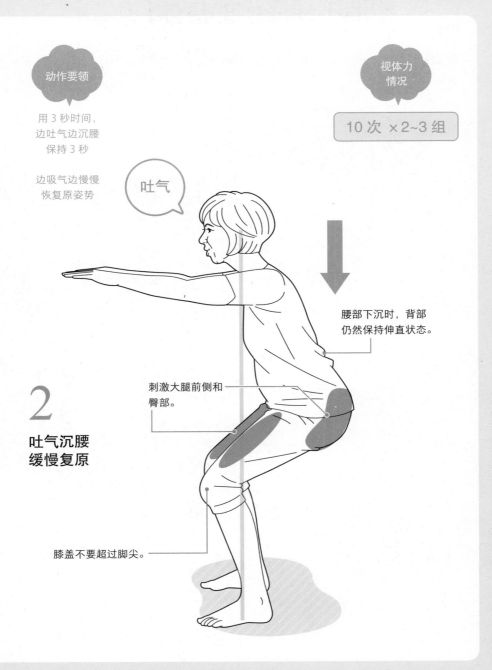

动作要领

用 3 秒时间，
边吐气边沉腰
保持 3 秒

边吸气边慢慢
恢复原姿势

吐气

视体力
情况

10次 ×2~3组

腰部下沉时，背部
仍然保持伸直状态。

刺激大腿前侧和
臀部。

2

吐气沉腰
缓慢复原

膝盖不要超过脚尖。

塑造不易受伤的身体！（二）

**老年人
躯干力量训练
中级篇**

1

双脚并拢保持侧卧
单肘撑起上半身

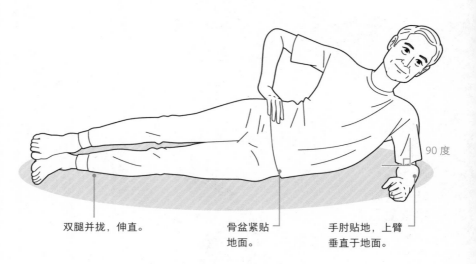

90 度

双腿并拢，伸直。

骨盆紧贴
地面。

手肘贴地，上臂
垂直于地面。

动作要领

用 3 秒时间,
边吐气边单腿抬起
边吸气边缓慢恢复原姿势

视体力情况
左右各做

10 次 ×2~3 组

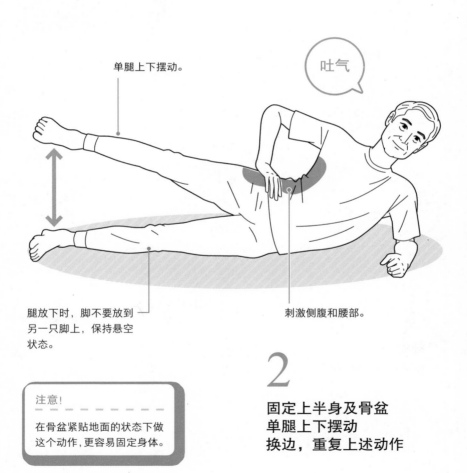

单腿上下摆动。

吐气

腿放下时，脚不要放到
另一只脚上，保持悬空
状态。

刺激侧腹和腰部。

2

固定上半身及骨盆
单腿上下摆动
换边，重复上述动作

注意!

在骨盆紧贴地面的状态下做
这个动作，更容易固定身体。

抬起手臂和双腿，
收紧松弛的腰部！

躯干锻炼也能起到收紧腰部的效果。
希望大家不仅是为了保持健康而运动，还要以拥有美观姣好的身材为目标！

腰部紧致训练

膝盖弯曲，小腿
向后伸展。

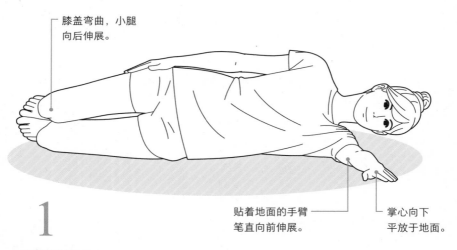

贴着地面的手臂
笔直向前伸展。

掌心向下
平放于地面。

1

**膝盖弯曲
侧卧，伸直手臂**

动作要领

用 3 秒时间，
边吐气边单膝抬起
收紧侧腹
保持 3 秒

边吸气边缓慢恢复
原姿势

左右各做

10 次 × 3 组

2

躯干保持平直
头、脚、手臂悬空
缓慢复原
换边，重复上述动作

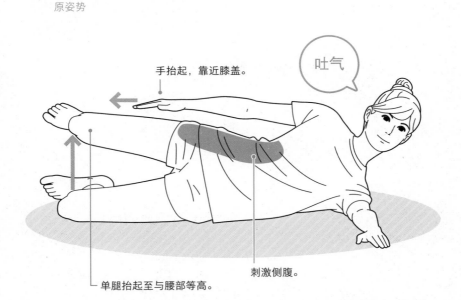

手抬起，靠近膝盖。

吐气

刺激侧腹。

单腿抬起至与腰部等高。

注意!

悬空的手臂靠近上抬的
膝盖会使侧腹得到充分
拉伸。

还原内脏位置，消除小腹凸起！

下腹部隆起凸出，是腹部周围肌肉松弛、无法支撑内脏导致的。
一起通过躯干锻炼恢复内脏的正确位置，改善自己的体形吧！

消除小腹凸起
训练

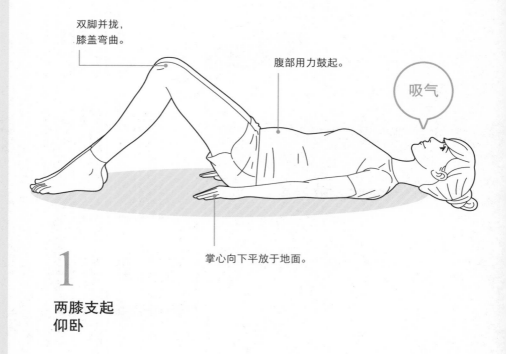

双脚并拢，
膝盖弯曲。

腹部用力鼓起。

吸气

掌心向下平放于地面。

1

两膝支起
仰卧

动作要领

用 3 秒时间，
边吐气边抬起双膝
保持 3 秒

用 3 秒时间，
边吸气边恢复原姿势

视体力
情况

10 次 × 2~3 组

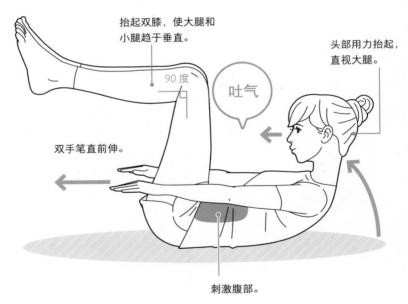

抬起双膝，使大腿和
小腿趋于垂直。

90 度

头部用力抬起，
直视大腿。

吐气

双手笔直前伸。

刺激腹部。

2

**伸直手臂
抬起头部和膝盖**

打败肩酸的VWT运动

不良的体态，不仅会降低肌肉量、引起血液循环不畅，还会导致慢性肩酸。
请大家在保持自然呼吸的同时，积极活动肩周，一起促进血液循环吧！
这项练习对锻炼肩部肌肉也有显著效果。

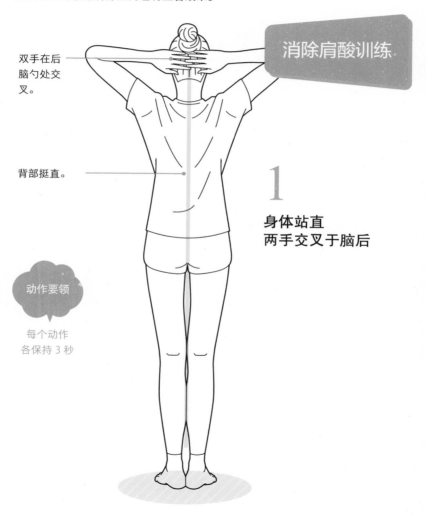

消除肩酸训练

双手在后脑勺处交叉。

背部挺直。

1

身体站直
两手交叉于脑后

动作要领

每个动作
各保持 3 秒

2　两臂向斜上方伸直
　做出"V"字形

掌心朝向正前方。

肩胛骨上抬。

肩胛骨向中间
靠拢。

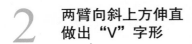

肘部位于身
体正侧方。

3　双肘弯曲
　做出"W"字形

双臂平举，
与肩同高。

肘部位于身
体正侧方。

4　双臂侧平举
　做出"T"字形

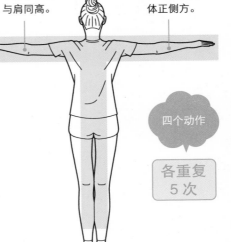

四个动作

各重复
5 次

挺直脊背，缓解腰疼！

为缓解腰疼，保持身体挺直和肌肉柔软不僵硬这两点十分重要。
请大家以背部为中心，尽量笔直伸展躯体。

腰疼消除训练

1

仰卧
一条手臂举起
同侧膝盖支起

脚尖朝上。

腹部用力鼓起。

吸气

掌心朝上。

抬起同侧手
臂及膝盖。

动作要领

用 3 秒时间,
边吐气边用力伸展举起的
手臂及对侧腿
边吸气边缓慢恢复原姿势

左右各做

5 次

2

**腰背紧贴地面,尽量伸展
换边,重复上述动作**

吐气

保持掌心朝上。

刺激腹部
和背部。

注意!

腰背部紧贴地面时,手
臂和腿部能更充分地
伸展。

锻炼躯干的最佳步行方式

和步行产生协同效应的理想保健方式

最后要向大家介绍的是我独家珍藏的"躯干平衡步行"训练。即使是没有运动习惯的人，也能轻轻松松地完成步行这项全身运动。单拿腿部来说，就有股四头肌、腘绳肌、内转肌、胫骨前肌、小腿三头肌等肌肉能在步行中得到锻炼，全身血液循环更流畅，新陈代谢更活跃，还能改善怕冷体质。同时，步行也是一种能够燃烧脂肪、轻松减肥的有氧运动。配合更多躯干训练一起进行，还能产生协同效应（1+1>2），让身体更加健康。

做躯干平衡步行之前，需要先做几组拉伸练习，充分感受到躯干力量后再开始进行。行走时背部挺直，下巴微收，直视前方，肩膀放松，肩胛骨略微收紧，手臂稍向内摆动，步幅为自身脚长的 1~1.5 倍，行走的关键是要走直线。另外，如果腹压降低，行走姿势不正确，容易引起疲劳、腰疼，因此走路时需要注意腹部肌肉、保持腹压。

躯干稳定了，全身的肌肉就能得到有效使用，也能减轻关节负担，即使长距离行走也不易疲劳。走路是我们日常生活中最熟悉的动作之一，因此，希望大家能够保持正确的姿势和行走方式，把正确行走和躯干锻炼好好结合起来！

躯干平衡步行法，立即践行！

　　走路这个动作太过日常，很多人往往不会在意，然而它其实是一种能够起到减肥作用的有氧运动。只需腹部用力、采取正确姿势，靠走路就能锻炼躯干。

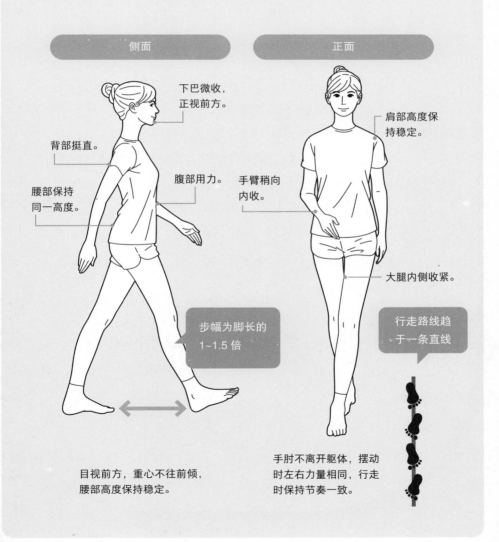

侧面

下巴微收，正视前方。

背部挺直。

腰部保持同一高度。

腹部用力。

步幅为脚长的1~1.5 倍

目视前方，重心不往前倾，腰部高度保持稳定。

正面

肩部高度保持稳定。

手臂稍向内收。

大腿内侧收紧。

行走路线趋于一条直线

手肘不离开躯体，摆动时左右力量相同，行走时保持节奏一致。

无论何时开启躯干训练，都不算晚，因为无论什么岁数，肌肉都能在运动中得到锻炼。希望大家能从今天开始行动起来，哪怕是做做其中任意一个最简单的动作也好。

当你注意到自己的身体"发生了改变"，当你感受到每天的生活比起以前更健康舒适，成效会激励着你继续进行躯干训练，也会支持你成为梦想中的自己。

请相信："坚持就是力量。"

希望这本书能令更多的人激发自己的潜力，成为大家开启健康丰富生活的新起点。

一般社团法人 JAPAN 躯干平衡指导者协会

代表　木场克己